地球はどうしてできたのか

マントル対流と超大陸の謎

吉田晶樹

ブルーバックス

カバー装幀／芦澤泰偉・児崎雅淑
もくじ・章扉デザイン／中山康子
図版／朝日メディアインターナショナル

はじめに

2011年に東日本大震災を引き起こした東北地方太平洋沖地震をきっかけに、地震の発生メカニズムや、南海トラフ地震など今後起こりうる巨大地震の可能性など、地震に関連する報道を以前にも増してテレビや新聞でよく目にするようになりました。

みなさんは、「大陸が移動する」「プレートが動く」と聞いてどのような想像をするでしょうか？

きっと、私たち人間が住む大地が長い時間をかけてゆっくりと動く雄大な地球の営みを想像するのではないでしょうか。一方で、そのようなダイナミックな地球の営みは、ときに、地震や火山噴火を引き起こし、私たちの生活や生命を脅かします。

東北地方太平洋沖地震とそれに続く津波により、私たちは地球の内部の非情ともいえるダイナミックな活動をまざまざと見せつけられました。地球上に分布する大陸が移動しているという事実は、私たちの人生の時間スケールでは実感することはできませんが、プレート運動に起因する地震活動からは地球の内部が現在もなお活発に動いていることを実感させられます。

固い岩石でできた層が多くを占める地球内部の諸現象を扱う研究分野を「固体地球科学」といいます。私の専門分野は、固体地球科学の中で、特に「地球惑星内部物理学」、あるいは「固体地球惑星物理学」と呼ばれる学問です。この学問は、物理学のみならず、数学、化学、生物学、地質学などあらゆる自然科学の知識をフル活用して、地球や惑星の内部や表層で起こっている物理現象や地質現象（たとえば、プレートの生成や沈み込み、大陸移動、造山運動、地震・火山噴火、マントル対流など）を、さまざまな研究手法を用いて解明する学問です。とりわけ、私の得意分野は、コンピューター・シミュレーションの手法を用いて、地球内部でどのようなことが起こっているか、また、地球内部の運動と地球表層の運動がどのような相互作用をしているかを研究することです。

本書では、「大陸はなぜ移動するのか」という疑問から解きほぐし、地球の内部から表層までのダイナミックな動きを解説していきます。

「大陸移動」や「プレートテクトニクス」という言葉は、地震の多い日本では、テレビや新聞などでもよく目にするでしょう。中学や高校の教科書でも必ず紹介されていて、一般の方にも比較的親しみのある地球科学現象であると思います。

また、私は、研究の成果発表とアウトリーチ活動の目的で、個人のウェブページを開設しています。アクセス解析によって、さまざまな検索ワードで私のページに辿り着いていることが分かります。その中でも圧倒的に多い検索ワードは「大陸移動」です。

このような状況で大陸移動を知りたいと思う方が多いのは、大陸移動という言葉になじみがありつつも、どこかでさまざまな疑問を持っていて、なぜだろうと思っているからではないでしょうか。

たとえば、「地震がなぜ起きるのか」という問い。これに、プレートが動くからだと答えられる人は多いと思いますが、もう一歩進んでなぜプレートが動くの？　ときかれたら答えるのはなかなか難しいのではないでしょうか。

実は、プレートがなぜ動くのか、その原動力については長い間あまり分かっていませんでした。大陸移動説を提唱したウェゲナーにも大きな問題として残っていました。

その答えを知るには、地球のさらに内部を探る必要があります。「なぜ動くのか」の大きなカギを握るのが、本書のもう一つのキーワード「マントル対流」です。マントル対流は大陸の移動のみならず、ときには気候変動や極移動にまで関わる、非常に面白い現象です。

講談社のブルーバックスシリーズでは、アーサー・クライン著、竹内均訳の『大陸は移動する』が、1973年に発刊されました。私が生まれる前の年です。この本では、大陸移動説の歴史、プレートテクトニクス理論、大陸移動の原動力などについて、1970年代前半までの固体地球科学の知見が詳しく解説されています。

以後現在に至るまで、固体地球科学という学問は日進月歩で発展し、現在では、地震波の解析によって人が到達することのできないほど深い地球内部の構造まで鮮明に可視化されるようになりました。また、コンピューター・シミュレーションによって地球内部の進化や変動をまるごと再現しようとするところまで到達しています。

ドイツの気象学者であるアルフレッド・ウェゲナーは、1912年にフランクフルトで開催された地質学会で、世界で初めて「大陸移動説」を発表し、1915年に出版した著書『大陸と海洋の起源』の中で、地質学、古生物学、古気候学、地球物理学といったさまざまな観点から大陸移動説の正当性を詳細に論じ、この説を完成させました。

来年2015年は、『大陸と海洋の起源』の出版から、ちょうど100年にあたります。大陸移動説の完成から100年を迎えようという現在、大陸移動説がコンピューター・シミュレーションによって証明されようとしています。

本書では、まず、固体地球科学の最新の知見にもとづいて、地球内部の構造、特にマントルやコア（地球中心核）がどのように運動し、地表の大陸移動やプレート運動に影響を与えているかについて解説しています。次に、私たちが行っているマントル対流の最新のコンピューター・シミュレーションの結果を紹介し、大陸移動やマントル対流の謎にどこまで迫っているかを解説したいと思います。

大陸移動とマントル対流の謎に迫るべく、固体地球科学の基礎的な事柄から、地球の内部と表層の進化と変動に関する最新の研究成果に至るまで贅沢に取り込んだつもりです。本書によって、固体地球科学に対する読者のみなさんの理解が深まれば幸いに思います。

吉田 晶樹

もくじ

第2章 大陸移動発見の歴史 41

第3章 大陸はなぜ移動するのか？ 61

第4章 地球の歴史における超大陸 95

第1章

プレート、大陸、海、マントル

本書では、地球の表面や内部でどのような自然現象が起こっているのかを、「マントル対流」と「大陸移動」という2つのキーワードをもとにして解説します。読み進めていくと、きっと想像以上にダイナミックでユニークな地球の姿がみえてくると思います。

本章では、まず、みなさんと一緒に私たちが住む地球のさまざまな謎を解決するための準備体操をしましょう。

地球の内部は過酷な世界

まず、地球の表面や内部がどうなっているのかを解説しましょう。

地球の内部がどういう状態であるかを一文で表現すると、「"熱い"岩石や鉄が"ギュウギュウに"詰まっている」状態です。

まず、「熱い」という表現ですが、地球内部の温度は、地下深くなるにつれて高くなっていきます。地球の中心は、約5000～5500℃と推定されています（図1－1）。私たちの身の回りにある鉄の融点が1538℃ですから、それよりもはるかに高い温度です。

また、「ギュウギュウに」という表現を使ったのは、地球内部の圧力が温度と同様に地下深くなるにつれて高くなるからです。地球の中心は、約364万気圧と推定されています（図1－1）。「364万気圧」というのが、いったいどういう世界であるのか、実は、毎日、地球を研究している私も全く想像ができません。

空気のような気体にも“重さ”があります。しかし、私たちは普段生活をしていてその重さを感じることはありません。それは、私たちが生まれたときから、空気の重さに慣れているからです。言い換えれば、そのような空気の重さがある状態で生活できる体に生まれているからです。

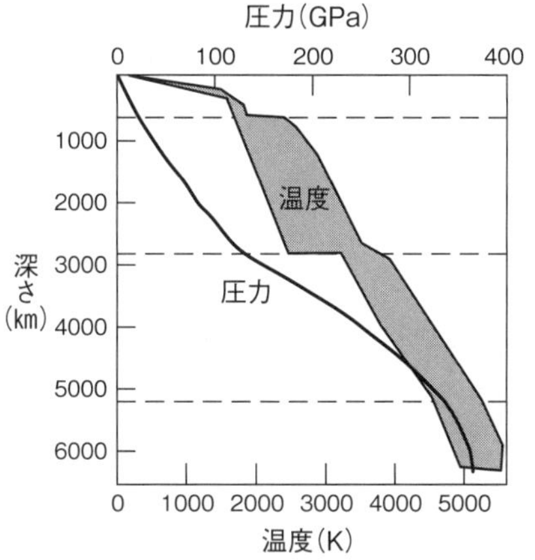

図1－1　地球内部での温度と圧力の分布（唐戸、2000）
温度の単位はケルビン（K）で、0℃は約273ケルビン。圧力の単位はギガパスカル（GPa）で、たとえば、100ギガパスカルは、約100万気圧に相当する

「気圧」とは空気の重さがつくる力の単位です。面積が1㎠の場所があり、そこに約1kgのモノが載っているとします。このとき、その場所にかかる圧力が「1気圧」と決められています。テレビや新聞で天気予報をみると、気圧の単位として、「ヘクトパスカル（hPa）」という単位が出てきます。地上の気圧を平均すると約1013hPaです。これが1気圧に相当します。

つまり、364万気圧とは、面積が1㎠の場所に、364万

kg（3640t）のモノが載っているということです。これは半径１cmの１円玉の上に、１tの自動車が１万台以上積み重なっているのと同じ状態です。当然、そのような環境ではアルミニウムでできた１円玉は簡単につぶれてしまいますし、地球上に存在するあらゆる物質は押しつぶされてしまいます。人間どころか、深海魚さえも生活できない過酷な世界なのです。

このように、地球の内部は、「高温」で「高圧」な状態です。私たち専門家は、このような地球内部の状態を「高温高圧状態」と呼びます。高温高圧状態では、私たちが住む地表に存在する岩石や鉄は結晶構造が変化して別の岩石に変わり、固くなったり、あるいは逆に、どろどろに融けてやわらかくなったりするのです。

玉ネギ地球の構造

地球は、完全な球体ではなく、自転による遠心力のために、赤道方向にわずかに膨らんだ楕円体をしています。地球中心から赤道までの距離は6378kmで、地球中心から極までの距離は6357kmですが、通常私たちは、地球を平均半径6371kmの球体として扱います。

その内部は、玉ネギを切った断面のように、いくつもの層が中心を取り囲むような構造をしています。

地球内部に存在する層の区別の仕方は、物質の固さによる違い（力学的区分）と、物質の構成元素（化学組成）や相（結晶構造）による違い（化学的区分）によって異なります（図１－２）。

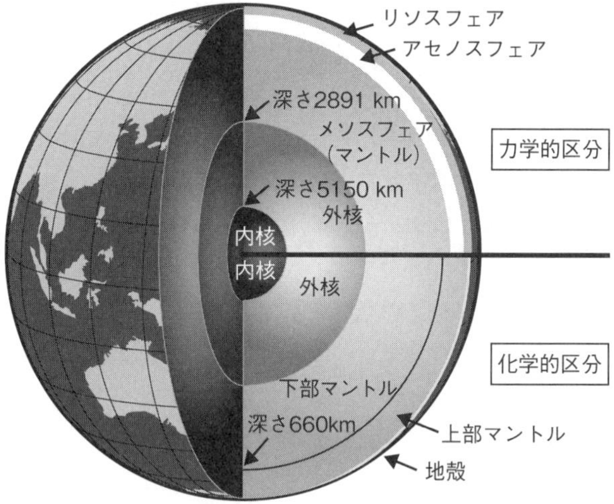

図1－2　地球内部の層構造
物質の固さ（粘性率）の違いで分けた「力学的区分」と、物質の構成元素（化学組成）や相（結晶構造）の違いで分けた「化学的区分」

まず、物質の固さの違い（力学的区分）で地球の断面を見てみましょう。

地球の最も外側には非常に固い岩石でできた、厚さが最大100km程度の「リソスフェア」があります。“リソ(litho-)”は“岩石”、“スフェア(-sphere)”はその岩石で囲まれた球殻状の空間領域を表し、日本語では“圏”と訳されます。たとえば、大気圏という言葉を聞いたことがあるかもしれませんが、地球の外側の宇宙空間に圏があるように、地球内部にもいくつかの圏があるのです。

リソスフェアは地球表面上でバラバラになっています。

その一つ一つの“破片”が「プレート」と呼ばれます。後で詳しく解説しますが、プレートには、海のプレート（海洋プレート）と陸のプレート（大陸プレート）があります。プレートの運動は、ときに地震や津波、火山噴火など、私たちの生活を脅かす自然現象を引き起こします。

深さ約200～2891kmまでは同じく固い岩石でできた「メソスフェア」があります。メソスフェア（mesosphere）とは、“中央、中間”の意味を表す“meso-”と、“-sphere”を組み合わせた言葉です。ただし、メソスフェアという用語は、現在の地球科学ではあまり使われませんので、図１－２では括弧書きで「マントル」と書きました。

「マントル」は本書の最も重要なキーワードです。マントル（mantle）は本来、衣類のマント（外套《がいとう》）、つまり、マントのような覆いを意味します。地球の外側を覆っている層であることから、このように名付けられています。マントルは、地球全体の体積の約84％を占めます。そのために、マントルの中で何が起こっているかを知ることは、地球内部の変動や進化を解明する上で、非常に重要なことなのです。

一方、リソスフェアとメソスフェアの間には比較的やわらかく流動しやすい岩石でできた「アセノスフェア」があることが分かっています。アセノスフェア（asthenosphere）とは、“弱い、やわらかい”という意味を表す“astheno-”と、“-sphere”を組み合わせた言葉です。アセノスフェアはマントルが部分的に融けた（部分溶融）領域だと考えられています。部分溶融とは、岩石が高温になり、融けやすい成分が選択的に融けて液相（液体の相、メルト）と固相（固体の相）が共存している状態のことです。

海底上の“山脈”である「海嶺《かいれい》」で誕生した海洋プレートは、その上部（海底）が常に海水で冷やされます。そのため、プレートは年代が古くなるにつれて熱伝導によって冷たい温度がより深くまでしみこんでいきます。熱伝導方程式（熱が温かいところから冷たいところへ伝わる現象を表す方程式）にもとづく理論解析から、海洋プレートの厚さは海底の年代の平方根にしたがって厚くなることが分かっています。つまり、海底の年代が2倍古くなると、プレートの厚さは$\sqrt{2}$＝約1.4倍厚くなるということです。

西太平洋のような海底の年代が最も古い場所では、海洋プレートは約100kmの厚さがあります。大陸プレートの厚さは場所によって大きく異なりますが、最も厚いところで、200～300kmの厚さがあることが分かっています。

地球の中心部には金属からなる「コア」があります。コアは「核」、または「地球中心核」とも呼ばれます。コア（core）は本来、果物などの芯を意味します。地球科学では、地球の芯に相当する中心部分をコアと呼びます。コアは外核と内核に分けられます。外核は融けた鉄と少量のニッケルからなる合金でできた“さらさら”のやわらかい流体の層ですが、内核は固化した鉄・ニッケル合金でできた固体の層です。

地球内部を調べる方法

このような地球の層構造は、地表で地震が起きたときに地球内部を伝わる地震波の速度を解析することで明らかになってきました。

たとえば、日本で地震が起こると、地震波は地球の内部を通過して世界中に伝わります。もちろん、日本の裏側にある南アメリカ大陸にも伝わっていきます。もし、地球の内部がすべて同じ物質でできているならば、地震波は地球内部を一定の速度でまっすぐに伝わるはずです。

しかし実際に地震波を観測すると、地震波は地球の内部の層の境界を通過する途中で、屈折したり反射したりしながら伝わっていました。地表のさまざまな場所で地震波が伝わる速度の違いを解析することによって、地球内部の層の厚さを推定することができるのです。

地震波が伝わる速度が分かれば、その層がマントルや内核のような固体の状態なのか、あるいは、外核のような流体の状態なのかを判断できます。地震波にはＰ波（縦波）とＳ波（横波）がありますが、このうちＳ波は液体中を伝わりません。外核はＳ波が伝わらないことから、流体でできていると分かりました。

化学的には５層に分けられる

次に、物質の化学組成や結晶構造の違い（化学的区分）で地球の断面を見てみましょう（図１－２）。

化学組成の違いでみると、地球内部は少なくとも５層に分けることができ、最も外側は軽い岩石でできた「地殻」、その下の岩石層のマントル、さらに、すでに解説したように金属でできた外核と内核に分けられます。

マントルは、岩石の結晶構造の違いで、「上部マントル」と「下部マントル」に分けられます。上部マントルと下部マントルの最も主要な構成鉱物は、それぞれ、「かんらん石」、「ペロブスカイト相」という鉱物です。いずれも鉄やマグネシウムなどの酸化物からなりますが、結晶構造が異なります。

８月の誕生石であるペリドットという宝石があります。この宝石はかんらん石からなり、透明の綺麗な緑色をしています。かんらん石には酸素で囲まれたケイ素（ケイ酸塩鉱物）の中に鉄とマグネシウムがいろいろな割合で融け込んでいますが、マグネシウムを多く含むと緑色になり、鉄を多く含むと茶色になります。

さて、地殻には、海洋プレートの上に乗っている「海洋地殻」と、大陸プレートの上に乗っている「大陸地殻」があります。海洋地殻と大陸地殻は厚さが異なります。海洋地殻の厚さは約５～10kmですが、大陸地殻は約30～50kmの厚さがあります。

大陸地殻の上部（上部地殻）はケイ素に富んだ花《か》崗岩《こうがん》質の岩石からなり、その下部（下部地殻）は上部地殻よりケイ素に乏しい岩石からなります。地殻全体を平均すると「安山岩」という岩石の化学組成に近いと考えられています。

岩石中では、ケイ素は二酸化ケイ素という酸化物で存在します。ケイ素は地球の岩石を構成する他の元素（鉄やマグネシウムなど）よりも比較的軽いので、ケイ素の含有量が多いほど、その岩石は軽くなります。大陸地殻に含まれる二酸化ケイ素の割合が平均約60％であるのに対して、「玄武岩」からなる海洋地殻では平均約50％ですから、大陸地殻は海洋地殻よりも軽いことになります。

地球内部の物質を手に取る方法

地球内部の化学的構造を知るには、地震波の解析以外の方法が必要です。では、どのような方法があるでしょうか？　すぐに思いつくのは、地球に穴を掘って内部の物質を直接採取する方法でしょう。しかし、この方法で採取できるのは今のところせいぜい深さ10km程度までです。地球の半径が、6371kmですから、地球を饅頭だとすれば、ほんの薄皮部分しか掘ることができません。

そのほかの方法として、マントルが地下の深い場所で融けた後に地表に噴き出してくる「マグマ」によって地球内部から地表に運ばれてくる岩石を調べる方法があります。たとえば、ダイヤモンドは5万気圧、深さに換算すると150kmより深いところで生成されるので、ダイヤモンドを含む岩石は、150kmより深いところに存在していたと推定できます。ただし、この方法でもせいぜい深さ200kmまでのマントルの岩石しか入手できません。

また、ダイヤモンドが含まれる「キンバーライトマグマ」と言われるマグマの噴出は、南アフリカなどでの先カンブリア時代（約5億4000万年前）の火山活動に伴うものであり、採取できる場所は地球上でもごく一部の地域に限られています。

そこで、別の方法として、実験室で高温・高圧条件を作り出せる特殊な装置を使って、人間が直接手にすることができない地球深部を構成する物質を人工的に合成し、地表で採取される岩石の結晶構造が高温・高圧下でどのように変化するかを調べる研究が、1960年代から盛んに行われています。

深さ約2900kmに位置するマントルの底にある物質を実験室で人工的に合成しようとすれば、135万気圧・2500℃の環境を作る必要がありますし、地球の中心にある物質を合成しようとすれば、364万気圧・5500℃という環境を作り出す必要がありますが、現在の技術ではそれが可能になりつつあります。さらに技術開発が進歩することにより、今後も、地球の内部構造を知るための重要な研究手段となっていくことでしょう。

プレートテクトニクスとは何か？

地球内部の構造がおおよそ分かったところで、私たちが住む地球表面の特徴について解説しましょう。

すでに解説した通り、プレートはリソスフェアがバラバラになったものです。地球内部で最も固い岩石層からできたものだから、プレートもガチガチに固いのです。地球表面には、十数枚以上のプレートが存在します。それぞれのプレートは、地球内部の運動に伴って、互いにひしめき合いながら移動しています。当然のことながら地球表面の面

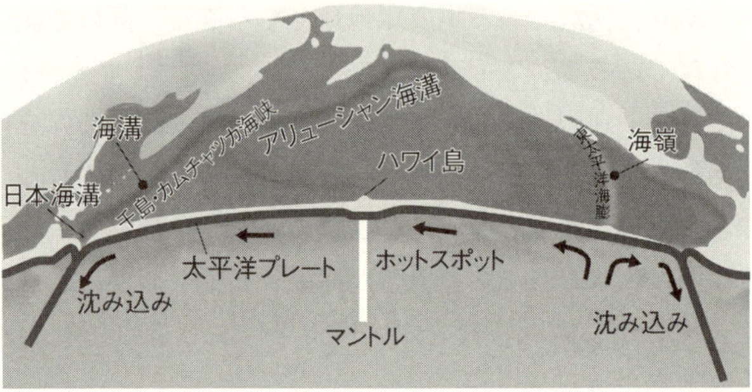

図１－３　プレート運動の模式図（太平洋の断面）
気象庁ホームページ（http://www.jma.go.jp/）にもとづく

積は限られているので、押し合いへし合いしながら、我先にと“陣取り合戦”をしているのです。その産物として、地震や火山噴火、また大陸移動や造山運動などのさまざまな地質現象が起きるのです。

大陸移動や造山運動のような数千万年から数億年の非常に長い時間スケールの現象、また、地震や火山噴火のサイクルのような数十年から数万年のような短い時間スケールの現象を、固いプレートの剛体的な運動ですべて説明しようとする学説、またときには、それらの現象そのものを「プレートテクトニクス」と呼びます。「テクトニクス」は日本語では“構造学”と訳されますが、一般には、大陸移動などの地球規模の地殻変動から、陸地のあちらこちらにある活断層のずれなどのローカルな地殻変動のメカニズムまでを扱う学問全般を広義的にテクトニクスと呼びます。プレートテクトニクス理論は1960年代後半に海外で提唱され、1970年代に日本に輸入されました。

すなわち、プレートテクトニクスとは、プレート同士の陣取り合戦の様子と、その産物のさまざまな地質現象を研究する、固体地球科学の最も根幹となる学問分野なのです。

プレートは「海嶺」と呼ばれる海底の“山脈”で生まれ、水平方向に移動し、「海溝」と呼ばれる海底の“谷”で別のプレートの下に沈み込みます（図１－３）。プレート運動に伴い、大陸や海底は移動しています。

図１－４の世界地図を眺めてみましょう。海と陸の境界、つまり海岸線のほかに、私たちが普段見慣れない線が描かれています。これが「プレート境界」です。地球上は球面ですので、それぞれのプレートが陣取り合戦をしながら移動するとき、必ず水平方向にすれ違う場所が必要です。この場所を「トランスフォーム断層」と呼びます。

現在の地球上で世界最大のプレートは、太平洋プレートです。地球の表面積のおよそ21％を占めています。太平洋プレートは、日本列島の北海道から関東地方の東側に沈み込んでおり、2011年に東北地方太平洋沖地震を引き起こす原因となったプレートです。このような世界最大のプレートがちっぽけな日本列島にぶつかってくるのですから、日本に住む私たちは常に危機感を抱いて生活をしなければいけないと言わざるをえないでしょう。

新しい“海”が生まれるということ

では、プレートについてさらに詳しくみていきましょ

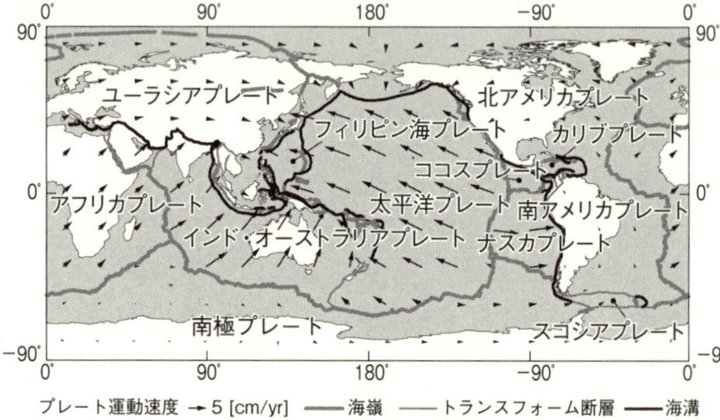

図1－4　プレート境界とプレート運動速度

う。プレートには2種類あり、「海洋プレート」と「大陸プレート」に分けることができます。

海洋プレートは、文字通り、海底をつくっているプレートです。代表的な海洋プレートは、太平洋プレート、ナスカプレート、ココスプレートです（図1－4）。

一方、大陸プレートは、大陸やそれに隣接する島々が乗っかっているプレートです。面積の大きい順に、北アメリカプレート、ユーラシアプレート、アフリカプレート、南極プレート、インド・オーストラリアプレート、南アメリカプレートの6つが一般に大陸プレートと呼ばれます（図1－4）。

さて、大西洋の中央海嶺という場所では、東西に海洋底が拡大し、北アメリカ、南アメリカの両大陸プレートが西側に、ユーラシアプレート、アフリカプレートの両大陸プレートが東側に拡がっています。つまり、大西洋では“大陸”プレートが拡がっているのにもかかわらず、その“裂け目”では新しい“海”が誕生しているということです。

以前、ある方から取材を受けたとき、「海嶺で新しい海が生まれているということは、新しい“海洋プレート”が生まれているということなのに、大陸プレートが拡がって海洋プレートができるとはどういうことか？」と質問されたことがあります。まるで禅問答のようですが、この質問は、大陸移動のメカニズムを考える上で根幹となる疑問です。

地球のある時代、ある場所に、大きな大陸が乗った大陸プレートがあったとしましょう。その大陸が何らかの力を借りて分裂すると、その裂け目は海水面よりも低地になるので、いずれその裂け目には海水が流れ込みます。それがまさに“新しい海ができる”瞬間なのです。さらに大陸が何らかの力を借りて、海嶺から徐々に離れていくと、その新しい海はどんどん拡がっていきます。海嶺から拡がりつつあるプレートは、もともとは大陸プレートでしたので、裂け目に海水が流れ込んだからと言って、大陸プレートが海洋プレートに変化するわけではありません。

つまり、「新しい“海”が生まれる」ということは、必ずしも「新しい“海洋プレート”が生まれる」ということではないのです。

そもそも大陸とは何か？

ご存じの通り、地球の表面は大陸と海（海洋）に分かれます。当たり前のようにこれらの言葉を使ってきましたが、それでは、その厳密な定義は何でしょうか？

大陸は地球表面に浮かぶ軽い（密度の小さい）岩石からなるプレートの一部分で、年間に数cmの速度で移動しています。「大陸移動説」を提唱したアルフレッド・ウェゲナー（第２章）が大陸移動を「continental drift」と名付けたように、大陸はプレートに乗って“ぷかぷか”と地球表面をあたかも筏《いかだ》のように漂流（drift）しているのです。

普段私たちが大陸と呼ぶのは、海水面より高いところにある部分で、普通の世界地図では、カラフルな色が塗られています。一方、海洋と呼ばれる部分は、海水面より低い海水に浸かった部分で世界地図では、一般に青く塗られています。

このように私たちは、海岸線が大陸と海洋の境界だと思いがちです。しかし、地球科学的な意味での「大陸」は、海水面の上に顔を出した陸地のみならず、海水面の下の水深が浅い平坦な海底部分からなる「大陸棚」や、大陸棚を介して一続きになっている部分も「大陸」と呼びます（図１－５）。つまり、“大陸”と“陸地”は意味が異なります。

そのため、日本列島のように、日本海で隔てられてはいるものの、大陸（ユーラシア大陸）に隣接する島々も大陸の一部と見なす場合があります。海水面上にある陸地の面積は、地球の表面積の約32％を占めますが、大陸棚まで含めた大陸の面積は、約39％を占めます。つまり、地球表面のほぼ４割が大陸なのです。

さて、少し余談になりますが、大陸棚の定義は、地形学的な定義と法的な定義で分かれます。

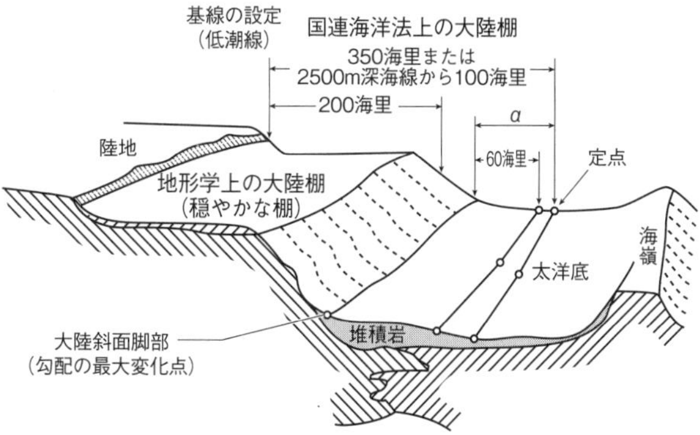

図１－５　大陸棚の定義
国連海洋法では、まず大陸縁辺部の外縁が200海里を超えない場合には、200海里までを大陸棚とすることができる。また、200海里を超える場合には、大陸斜面脚部から60海里の地点、あるいは堆積岩の厚さが大陸斜面脚部からの距離（α）の１％となる地点まで大陸棚を延長することができると定められている。ただし、最大は350海里または、2500ｍ深海線から100海里のいずれか遠い方と定められていて、これを超えることはできない。海洋政策研究財団ウェブページ（http://www.sof.or.jp/）より改変

地形学的な定義としての大陸棚は、海水面の上に顔を出している陸地部分と隣接し、比較的に傾斜が緩やかで、おおむね水深130ｍ付近まで続く海底の部分を指します（図１－５）。

一方、“海の憲法”と呼ばれる「国連海洋法条約」という法律の第76条を要約すると、「海洋資源の管轄海域として沿岸国の200海里（約370km）までの海底及びその下」を大陸棚と規定しています。

現在、日本を含む世界各国は、将来自国が優位に海底に眠る天然資源の探査や開発を行うことができる場所を増や

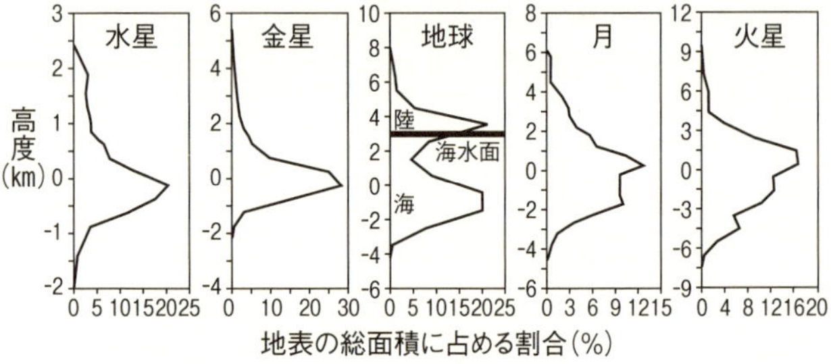

図1－6　地球型惑星（水星、金星、地球、火星）と月の地形の高度頻度分布（Warren, 1993）
縦軸は高度（平均高度を0としている）、横軸はその高度が総面積に占める割合。2つのピークを持つのは地球だけである

そうと、しのぎを削って大陸棚の調査をしています。大陸棚の法的な定義は、その国の国益に直結する非常に重要なものなのです。

しかし、ここでは、法的な意味の大陸棚は横に置いておいて、地形学的な意味で大陸と海洋の区別を見てみましょう。

図1－6は、地球型惑星（地球のように岩石層を持つ惑星、つまり、水星、金星、地球、火星）と月の地形の高度頻度分布（総面積に占める地形の高さの割合）です。一見して、地球だけに2つの高度のピークがあることに気がつきます。このピークがまさに大陸と海洋の違いを表しているのです。このピークの谷間は海水面から約1km下にあることが分かります。つまり、地形学的な意味では、大陸と呼べる部分は、海水面の下まで続いているのです。

水星や金星、火星、月にはこのような大陸と海洋の2つのピークは見られません。太陽系の地球型惑星や衛星の中で大陸と海が存在するのは地球だけなのです。第5章で解説するように、大陸と海が存在するのはプレートテクトニクスがあるおかげです。また、プレートテクトニクスが存在するのは「マントル対流」のおかげです。このように、地球は大変ユニークな惑星だといえます。

そのため、地球が約46億年前に誕生し、大陸がどのようにして形成されたか、また、地球の歴史を通じて大陸がどのように動いてきたかをしっかり研究して解明することは、地球の表層や内部がどのようにして現在の姿になったのか、また、なぜこのようなユニークな“星”が宇宙に誕生したのかを知るための重要な手がかりになるのです。

地球のもう1つの“顔”——ジオイド

地球の表面には、地形の凸凹《でこぼこ》とは異なり私たちには決して直接見せない、もう1つの“顔”があることをお話ししましょう。

先述のように地球は、自転による遠心力の影響を受けて、極（南北）方向に比べて赤道方向が少し膨らんだ回転楕円体に近い形状をしています。そして、地球の表面上にあるものには、地球の引力と自転による遠心力の2つの力を合わせた重力が働いています。海水などの流体は、重力によって移動し、重力とのバランスがとれた場所に落ち着きます。

地球の海水面を長期にわたって平均した「平均海水面」は重力の方向に垂直な面で、地球表面の基準面となる面で

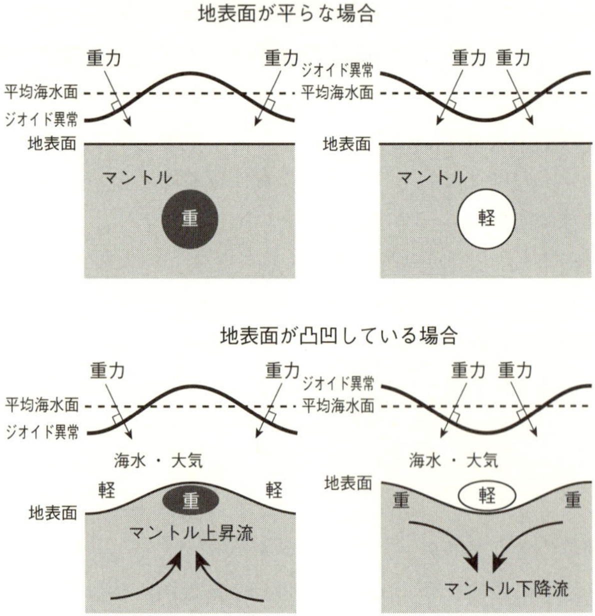

図1－7　ジオイド異常のパターン
地表面が平らな場合（上）と地表面が凸凹している場合（下）

す。この面を「ジオイド」といいます。もし、地下に重い物質があると、万有引力が大きくなりその物質の上の海水がほんの少しだけ引き寄せられ、ジオイドは基準面よりも高くなります（図1－7の上列左）。逆に軽い物質があると、万有引力は小さくなりその物質の上の海水がはき出され、ジオイドは基準面よりも低くなります（図1－7の上列右）。このように、地下の質量分布（密度分布）が作るジオイドの凸凹を「ジオイド異常」、あるいは「ジオイド

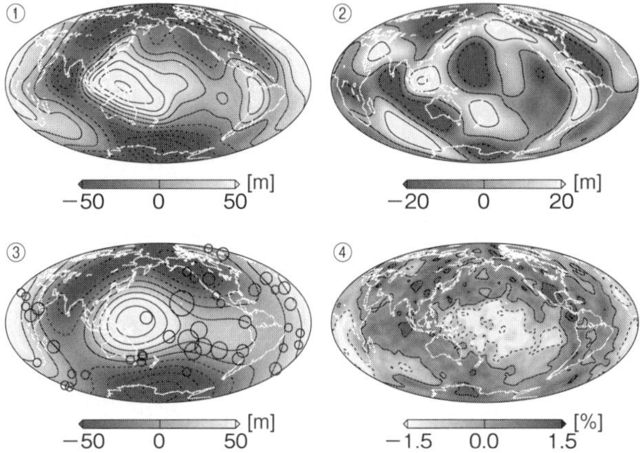

図1－8　①ジオイド異常の分布（白色ほど正、黒色ほど負）。②①のパターンから長波長成分（1万3000km以上）を差し引いたパターン。③①のパターンから、1万km未満の成分を差し引いたパターン。丸はホットスポットの位置で、その大きさが大きいほど、ホットスポットが地表面に放出する熱が多い。④地震波トモグラフィー（第6章）による深さ2800kmの地震波速度異常（白色ほど低速度、黒色ほど高速度）

高」と呼びます。地下に重い物質がある場合は、ジオイド異常は「正」のパターン、軽い物質がある場合は、ジオイド異常は「負」のパターンになります。簡単に言い換えると、地球の内部に重い物質がある場合、その上の海水面は盛り上がり、逆に、軽い物質があると、海水面は凹むのです。

つまり、ジオイド異常と地球内部の密度分布は密接な関係があり、そのパターンは地球内部の構造を知る手がかりとなるのです。

図1－8①は全地球のジオイド異常のパターンです。ジ

オイドの高さを見てみると、大西洋とアフリカ大陸を中心として南北に細長く盛り上がったところと、西太平洋を中心に東西に盛り上がったところに正のジオイド異常が見られます。また、ユーラシア大陸や、北アメリカ大陸、南極大陸周辺ではジオイド異常は負になっています。これらのジオイド異常の凸凹の高さは、最高でも±100mくらいです。このジオイド異常のパターンは、現在の大陸の分布や、海嶺や沈み込み帯のようなプレート境界の分布とは何の関係もないように見えます。すなわちこのジオイド異常は、何によって決まっているのか地球の表面の状態からはすぐには分からない、地球の隠された“顔”なのです。

ジオイドと地球内部の意外な関係

図1－8のような大規模なジオイドの正負のパターンは地下の構造、つまり、マントルの構造と密接な関係があります。

大西洋・アフリカ大陸と西太平洋の2ヵ所で広範囲に見られる正のパターンは、一見して地震波トモグラフィーの手法（第2、6章参照）で画像化されたマントル深部での地震波の低速度領域のパターンと似通っているように見えます（図1－8④）。この地震波の低速度領域は、マントルが温かく（おそらく）密度の小さい場所に相当します。しかし、図1－7で説明した原理では、地下に密度の小さい軽い物質があると、その物質の上のジオイド異常は負になるはずです。これは非常に不思議なことです。

そこで、図1－8①のジオイド異常のパターンから、1

万3000km以上の長波長成分を差し引いてみましょう（図1－8②）。すると、ジオイド異常のパターンはガラッと変わり、また違った“顔”を見せます。図1－8②を眺めて何か気付いた方はいらっしゃるでしょうか？　実は、ジオイド異常の正の部分は、海溝、つまり、プレートの沈み込み帯の位置（図1－4）とほぼ一致します。図1－7（上列）の通り、マントル中に冷たくて重いプレートが沈み込んでいる部分が正のパターンになっているのです。つまり、一見してプレート境界の分布とは何の関係もないように見えたジオイド異常のパターンは、実は、プレート境界の位置やマントルの内部構造と深い関係があったのです。

では、図1－8①の正のジオイド異常の分布は一体何を見せているのでしょうか。そこで今度は、1万km以上の長波長成分のみを取り出してジオイド異常を見てみましょう（図1－8③）。すると、西太平洋と大西洋に2つの正の“目玉”のパターンが現れました。この目玉の位置は明らかに、地震波の低速度領域の場所（図1－8④）とほぼ一致します。この二つの目玉は実は、マントルの大規模な上昇流によって地表面の海底地形が持ち上げられた結果で生まれたものなのです。

図1－7の下列を見てみましょう。マントルの上昇流によって地形が盛り上がると、マントルがそれよりも密度の小さい海水や大気に顔を出すように盛り上がります。すると、その部分は周囲よりも相対的に重い物質があることと同じですので、図1－7の上列の原理と同じようにジオイ

ド異常は正のパターンになるのです。逆に、マントルの下降流によって地形が大きく凹むと、ジオイド異常は負のパターンになります。

つまり、ジオイド異常の正負のパターンは、マントル内部の密度変化のみならず、地形の凸凹による密度変化にも敏感に影響を受けるのです。そのため、ジオイド異常から地下の内部構造を推定するときには、ある波長の成分だけを差し引いたりしながら注意深い解析が必要なのです。

マントルで何が起こっているのか？

前節で紹介したように、地下のマントルの構造は何やら複雑で、マントルの中には軽いモノがあったり重いモノがあったりすることを想像させます。

実は、マントルは動いていると考えられています。プレート運動に伴い、大陸は移動しています。そしてプレート運動や大陸移動の原動力は、マントルの熱対流運動（つまり、マントル対流）だと考えられているのです。熱対流とは、基本的に軽いモノが上昇し、重いモノが下降することを繰り返している物理現象です。

すでに解説したように、マントルは岩石でできた層です。固体である岩石の層で本当に対流が起こるのでしょうか？　第６章で詳しく解説しますが、実は、マントルの岩石は数百万年、数千万年以上の非常に長い時間スケールにおいては、水飴のような“ねばねば”した流体として、非常にゆっくりと動いているのです。

マントルは底面（コア・マントル境界）ではコアからの

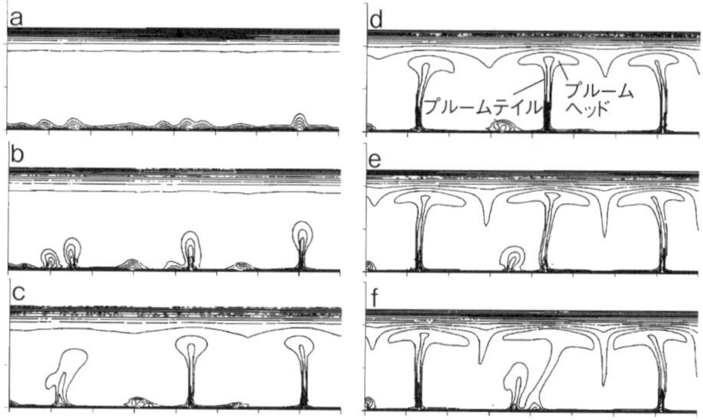

図1－9　マントルの下部熱境界層から発生するプルーム（Olson et al., 1988）
時間はaからfに進み、時間間隔は約1000万年

熱によって加熱され、上面（地表面）では大気や海水によって冷却されています。マントルはこの底面と上面との温度差によって対流するのです。

固体地球科学では、このようなマントルの上昇・下降運動に伴う周囲のマントルと温度が大きく異なる円筒状あるいは板状の流れを「プルーム（マントルプルーム）」と呼びます。プルームは地球内部構造を解説する上で欠かせない重要な言葉です。プルームはもともと「羽毛」や「もくもくと立ち上がる煙」、「噴水などの水柱」を意味しますが、文字通り、羽毛や煙のようにマントルの中を舞い上がったり舞い降りたりする部分を指します。マントルの中を上昇したり下降したりするプルームは、「プルームテイル」と呼ばれる“尻尾”の部分と「プルームヘッド」と呼ばれる“頭”の部分からなります（図1－9）。

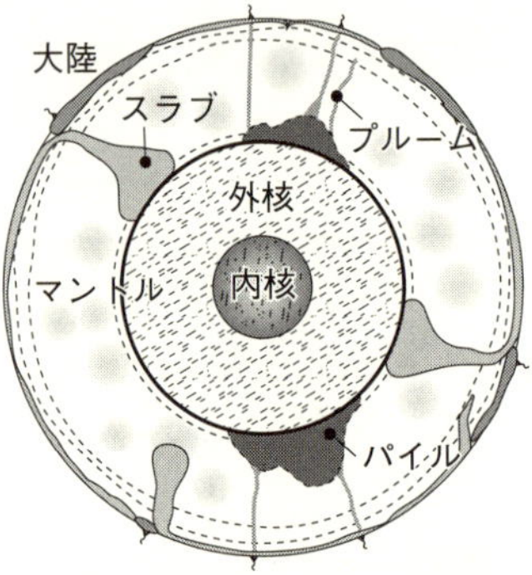

図1－10　現在のマントル対流パターン

アリゾナ州立大学のエドワード・ガルネロ博士の図（http://garnero.asu.edu/）を元に作成

プルームは、流体の密度が完全にきれいな層をなしている状態では発生しません。流体の上面あるいは底面の「熱境界層」（深さ方向の温度勾配が大きな薄い層）が何かのきっかけで凸凹になると発生します。水平方向にみて周囲の流体より相対的に軽い（密度が小さい）状態になるとその部分からプルームが上昇し始め、逆に周囲の流体より相対的に重い（密度が大きい）状態になるとその部分からプルームが下降し始めます。

たとえばマントルの底面（コア・マントル境界面の上）には、その上のマントルよりも温かくて薄い熱境界層がありますが、その層がマントル全体の対流運動によって凸凹になり不安定な状態になると、風船のような形をしたプルームが上昇し始めるのです（図1－9）。

マントルの中を上昇する高温のプルームを「上昇プルーム（あるいは、ホットプルーム）」と呼ぶのに対して、下降する低温のプルームを「下降プルーム（あるいは、コールドプルーム）」と呼びます。下降プルームはマントル対流では沈み込むプレートに相当し、一般に「スラブ」とも言い換えられます（図1－10）。

マントルの上昇プルームは、マントル内部に存在する熱境界層（ほとんどがコア・マントル境界上の熱境界層）の不安定に起因するものであり、それが地表に到達して海底上や陸上に火山として現れた場合、海嶺とは限らない場所に現れるのが特徴です。つまり、海底の山脈である海嶺は必ずしもプルームによってできるわけではないのです。

このような、プルーム起源の火山を「ホットスポット」と呼びます。そして、ホットスポットを作るプルームを「ホットスポットプルーム」と呼びます。ホットスポットの位置はたまたま海嶺に一致することもありますが、マントルの下降流である海溝付近に現れることはほとんどありません（図1－8③）。

このようなマントルの内部で起こっている大規模な対流運動（マントル対流）と私たちが住む大陸の移動がなぜ起き、それらの運動がどのように関係しているのかを解き明かすことが本書の大きな目的です。

第2章

大陸移動発見の歴史

私たちが住む大陸が移動しているという事実は、現在では誰もが知っていることでしょう。

では、なぜ、大陸は移動するのでしょうか？　地球の表層と内部は独立した存在ではありません。大陸移動には、地球の表層だけでなく地球全体の動きが深く関わっています。大陸が動くとき地球の内部で一体何が起こっているのでしょうか？　大陸移動を研究することで地球の内部でどのようなことが起こっているのかが理解できるかもしれません。

本章では、大陸移動に関する基礎的な知識や、大陸が移動しているという今では当たり前の事実が人々に受け入れられるようになった経緯について解説しましょう。

『大陸は動く』

地球科学に少しでも興味のある読者のみなさんはご存じだと思いますが、世界地図をみると、大西洋で隔てられている南アメリカ大陸とアフリカ大陸は、ジグソーパズルのピースのようにつなぎ合わせることができます。

私が大学１年生で初めて地球科学を学び始めた頃のことです。小学５年生のとき、ある地震学者（大竹政和・東北大学名誉教授）が書き下ろした『大陸は動く』という話が国語の教科書に紹介されていたことを、フッと思い出しました。当時、国語の先生からどのようなことを教わったかはすっかり忘れてしまいましたが、興味深く読んだことは鮮明に覚えています。『大陸は動く』は、たった８ページの短い話です。大陸移動説を初めて著作の形で発表したドイツの気象学者であるアルフレッド・ウェゲナーの紹介のあと、大陸移動のメカニズムについて、次のように明快かつ簡潔に解説されています。

> 実は、海底山脈の真下には、岩石がどろどろにとけた熱い物（マグマ）がわき上がってきているのである。このマグマは、海底まで上がってくると、やがて冷え固まって、岩盤となる。もう少し深い所では、完全には冷え固まらず、海底の岩盤の下を左右に分かれて流れていく。固まりかけの岩石は、ゆっくりと、まるで液体のように流れることができるのである。この流れに乗って、海底の岩盤は左右に広がりながら動いていく。こうして、海底山脈の下では、次々に新しい岩盤が生まれ、送り出されているのである。
>
> 海底の岩盤の上にある大陸は、この広がる岩盤に乗って運ばれ、だんだんはなれていく。大陸を動かす原動力は、動く海底の岩盤だったのである。

このように、大陸移動の原動力は、海底の岩盤の運動だと説明しています。

この短い話の中には、難しい専門用語は一つも出てきません。しかし、岩盤が動くのは「固まりかけの岩石」の「流れ」が原動力であると、小学校高学年を対象に見事に解説できているのです。

ただ、「固まりかけの岩石」の「流れ」に乗って、「海底の岩盤は左右に広がりながら動いていく」というのは、現在の地球科学の常識とは少し異なります。

第１章で解説したように、海底の岩盤、つまり、プレートは海嶺から遠ざかるにつれて（つまり、海底の年代が古くなるにつれて）厚くなります。その結果、プレートは徐々に重くなり、やがて海溝で沈み込んでいきます。したがって、「マントルの中に沈み込んだ海洋プレートが重力によって地球深部に引っ張られることで、プレートが水平に移動し広がっていく」という解説が、より正確だと思います。これについては第３章で詳しく解説します。

また、「固まりかけの岩石」、つまり、アセノスフェアが、本当にプレートを左右に拡げるような働きをしているのか、あるいは、逆にプレートにブレーキをかけて運動を妨げるような働きをしているのかは、実は非常に難しい問題です。これについても、第３章で解説します。

さて、残念なことに『大陸は動く』は、2004年度から国語の教科書に掲載されなくなったそうです。大陸移動説は、小学生が地球科学の面白さを知るきっかけとなるような話ですが、それが教科書から姿を消してしまうことは、なんとも寂しい限りです。しかし、現在、『大陸は動く』は、国語教科書に掲載された作品をまとめた『光村ライブラリー16』（光村図書出版、巻末の参考文献参照）に収録されており、読者のみなさんも簡単に手にして読むことができます。

大陸パズルの始まり

さて、現在では、大陸が移動することは誰もが認めていますが、それが科学的事実として広く受け入れられるまでには紆余曲折がありました。一般にはよく知られていませんが、20世紀初頭にアルフレッド・ウェゲナー（図2－1）が発表した大陸移動説のずっと以前から、アメリカ大陸の東海岸とアフリカ大陸の西海岸の海岸線が似ていることに気づき、大陸が移動しているのではないかと考えた人がいました。

そこで、ウェゲナーの大陸移動説以前の歴史を振り返りながら、現在までの固体地球科学の進展とあわせて、時系列で見ていきましょう。そのためには、15世紀中頃からの大航海時代までさかのぼる必要があります。

15世紀中頃から17世紀にかけて、ヨーロッパ人によって大航海時代の幕が開かれました。これにより、詳細な世界地図が作成され、大陸の輪郭（海岸線）も地図に記載されるようになったのです。1522年には、ポルトガルの探検家であったフェルディナンド・マゼラン一行が人類史上初の世界周航を果たしたことは歴史の教科書に必ず出てきます。この航海は同時に、地球が球体であることを人類史上初めて実

図2－1　アルフレッド・ウェゲナー（1880-1930）
アルフレッド・ウェゲナー極地海洋研究所ウェブページ（http://www.awi.de/）より

証したことを意味します。
アメリカ大陸の東海岸とアフリカ大陸の西海岸の海岸線が一致していることを初めて指摘したのは、世界で初めて近代的地図を作成したフランドル人（フランドルは現在のベルギー周辺）の地理学者であるアブラハム・オルテリウスであったと言われています。これはなんと今から400年以上前の1596年のことです。
1620年にはイギリスの哲学者であったフランシス・ベーコンが著作『ノヴム・オルガヌム―新機関』の中でアメリカ・アフリカ両大陸の海岸線がよく似ていることを指摘しました。ただ、その原因は、この著作の中で説明されていません。ちなみに、ベーコンは「知識は力なり」という名言で有名な人物です。
その後、1688年にはフランシス・プラーセも南アメリカ大陸とアフリカ大陸が、かつて繋がっていたという考えを発表しました。これに対し、フランス人の博物学者であったビュフォン伯ジョルジュ＝ルイ・ルクレールは1749年に両大陸の移動説を否定し、大西洋ではかつて「アトランティス」という大陸が沈み、南アメリカ・アフリカの両大陸はその後に海流により削られてできたものであるという考えを発表しました。アトランティスとは、古代ギリシャの哲学者・プラトンの著作に出てくる伝説の島のことです。
海流によって削りとられたと主張した学者は彼だけではありませんでした。アメリカ・アフリカ両大陸が移動して大西洋ができたのではなく、海流で削りとられて大西洋ができたのではないかという考えは、1800年にドイツの博物学者で探検家のアレクサンダー・フォン・フンボルトによっても発表されています。彼はアトランティス大陸の存在には触れず、大西洋がかつて一つの大きな河であり、時代とともに両側が海流で削りとられたのであると考えたのです。今では当たり前の大陸移動説にはほど遠い考え方です。

大陸は浮き沈みし、地球は膨張する？

しかし、その後、大陸移動説の誕生のきっかけと表現しても過言ではない仕事が生まれました。フランス人のアントニオ・スナイダー・ペルグリーニは1858年に出版した『天地創造とそのあばかれた神秘』という本の中で、南北アメリカ大陸とヨーロッパ・アフリカ大陸を結合した世界地図を発表しました（図２－２）。世界で初めて両大陸が連結した地図を作成したのです。

19世紀後半には、アメリカ・アフリカ両大陸の植物化石の調査が行われ、大陸はかつて陸続きであったと

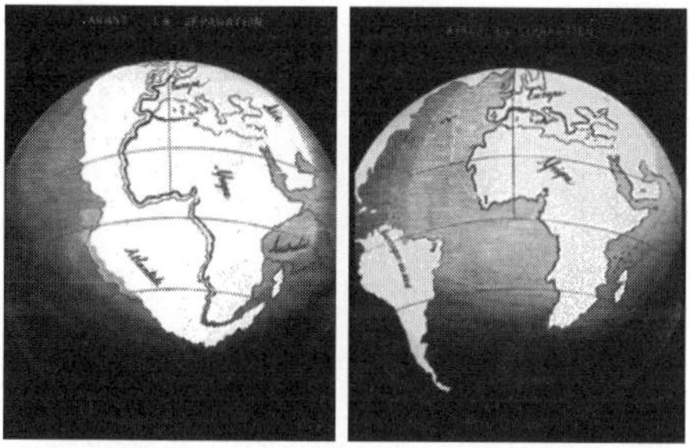

図２－２　スナイダーが1858年に発表した大陸の復元図

アメリカ地質調査所ウェブページ（http://pubs.usgs.gov/gip/dynamic/）より

いう「陸橋説」が多くの地質学者によって提唱されるようになりました。陸橋説とは、かつて大陸は一続きであったが、やがて両大陸をつなぐ陸地が地盤沈下により海底に沈没したという仮説です。特に、オーストリアの地質学者であったエドアルト・ジュースは、アフリカ、南アメリカ、オーストラリア、インドの地層群を調査し、その類似性から、これらの大陸はかつて陸橋により南半球で一続きであったのではないかと主張しました。そして1861年には、この大陸の塊を研究地であるインドのゴンドワナに因《ちな》んで、「ゴンドワナ大陸（Gondwanaland）」と名付けました。

一方、陸橋説とは異なったアイデアも生まれました。19世紀から20世紀初頭にかけて、イタリアのロベルト・マントヴァニが「地球膨張説」を提唱しました。この説は、地球は初め大陸地殻に覆われていたが、地球が内部の熱で膨張することにより、あちこちで火山活動が起こり、大陸地殻が引き裂かれて海ができたというものです。一見、もっともらしいアイデアですので、地球膨張説は、20世紀の半ばになってもほそぼそと生き続けましたが、プレートテクトニクス理論の登場で完全に消え去りました。

このように、アメリカ・アフリカ両大陸の海岸線が一致している理由についてはいくつかのアイデアがありました。しかしながら、その当時は、大陸は動かないという固定観念があったことはもちろんですが、それに加え、陸橋説でいわれるような大規模な海底の地盤沈下が起こるわけがないと考える学者が多くいました。そのため、19世紀以前には、アメリカ大陸とアフリカ大陸の海岸線の一致は、単なる偶然の産物だと考える人が大勢で、陸橋説さえ信用する人は学者の中でもほとんどいませんでした。

ウェゲナーの大陸移動説の登場

ところが、20世紀に入り、状況は一変しました。

1912年に、アルフレッド・ウェゲナーは、フランクフルトで開催された地質学会において、当時としては大変衝撃的な説を提唱しました。南アメリカ大陸とアフリカ大陸に共通する化石から推測される古生物の生息域、岩石の分布や地層の褶《しゅう》曲《きょく》、さらに氷河の痕跡（氷河が流れた向き）の分布から、石炭紀後期（約3億年前）にはすべての大陸が集まった超大陸があり、ペルム紀になると南北に分断を始めたと考えたのです。これが「大陸移動説」の誕生です。また、ウェゲナーが調べた南アメリカ大陸とアフリカ大陸だけでなく、ヨーロッパに広く分布するガーデン・スネールというカタツムリやミミズの一種が北アメリカ大陸の東岸にも分布していることなど、生物学的な証拠も大陸移動説を後押ししました。

ウェゲナーによって、1915年にドイツ語で初めて発表された『大陸と海洋の起源（The Origin of Continents and Oceans)』（英語版は1924年に出版）では、地質学、古生物学、動物地理学、古気候学、地球物理学などのさまざまな観点から大陸移動説が詳細に論じられています。

ウェゲナーは、1922年に出版した『大陸と海洋の起源』の第3版の中で、この超大陸を「パンゲア（Pangea)」と命名しました。パンゲアとはギリシャ語で“すべての大陸”という意味です。

図２－３はこの本の中で紹介された大陸移動の復元図（を分かりやすく描き直した図）です。最新の地質学的証拠にもとづいた大陸移動の復元図（第４章参照）と比較しても、パンゲア超大陸の輪郭が驚くほど良く似ていることが分かります。つまり、今から90年以上も前に、大陸移動説の発端となったパンゲア超大陸がほぼ正確に復元されたということです。この偉大さは、ウェゲナーが『大陸と海洋の起源』の中で紹介した大陸移動の復元図が、今でも地球科学の教科書に原本の図のまま使用されていることからも分かります。

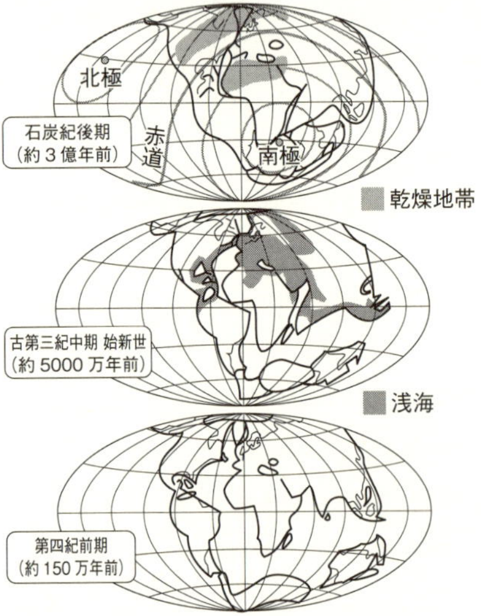

図２－３　ウェゲナーによる大陸移動の復元図

Wegener（1924）の原図にもとづく（Lowrie, 2007）

ウェゲナーは、具体的には以下の点において大陸移動説を裏付けました。

①　地形の高度頻度分布（第１章参照）をみると、陸地と

海底によって代表される２つのピークを示すため、陸地と海底の地殻は異なる物質からなり、それぞれの高度も変化することは決してないこと

② 軽い岩石からなる地殻がマントルの上に浮いていて重力的に安定していること（アイソスタシーの原理）から、地殻構造が大きく異なる陸地や海底は簡単に浮いたり沈んだりしないが（つまり、陸橋説のようなことは起こらない）、地殻は水平方向に動くことができること

③ 大西洋を挟む両大陸間で地質構造などが連続すること。たとえば、ノルウェーやスコットランドなど北ヨーロッパにある造山帯が北アメリカ東部の山脈と繋がること、また、南アメリカ大陸とアフリカ大陸にある中生代以前の岩石の分布や褶曲の方向が繋がることなど

④ 海を渡れない生物が現在は海で隔てられた諸大陸に化石として分布すること（たとえば、リストロサウルスやキノグナトゥスなどの三畳紀の陸上に棲む爬虫類、メソサウルスなどのペルム紀前期の淡水に棲む爬虫類、また、グロッソプテリスなどのペルム紀の種子植物など）

⑤ 現在の南半球の大陸（南アメリカ、アフリカ、オーストラリア、南極）とインドにペルム紀から石炭紀（約３億年前）の氷河堆積物が存在すること

などです。これらのことから大陸はかつて１つの超大陸

を形成していたと結論付けたのです。

それ以前の大陸移動説は、スナイダーの地図（図２－２）のように、各大陸の輪郭の単なるパズル合わせでしたが、ウェゲナーの仕事が偉大とされるところは、近代地質学と地球物理学の理論にもとづいて大陸移動説を提唱したことでしょう。

“マントル対流の父”

しかし、ウェゲナーの大陸移動説は、当時批判が多かったと言われています。プレートテクトニクスやマントル対流の存在がまだ知られていなかったため、「大陸や海底は動かない」というのが常識的な考え方でした。

1920～30年代にかけては、大陸移動説への少数の支持派と大多数の反対派に分かれていました。特に、反対派の急先鋒であったイギリスの数学者であり地球物理学者のハロルド・ジェフリーズは、大陸移動を生じさせる原動力を説明できていないと主張し、大陸移動説を真っ向から否定しました。また、ウェゲナーがそもそも気象学者であったことから、多くの地質学者が“部外者”である彼のエキセントリックな説に反発したのです。

図2－4　アーサー・ホームズ（1890-1965）
Cherry Lewis著『The Dating Game』ケンブリッジ大学出版局、2012年より

しかし、大陸移動説の支持者にとって非常にアウェーな当時の学界の雰囲

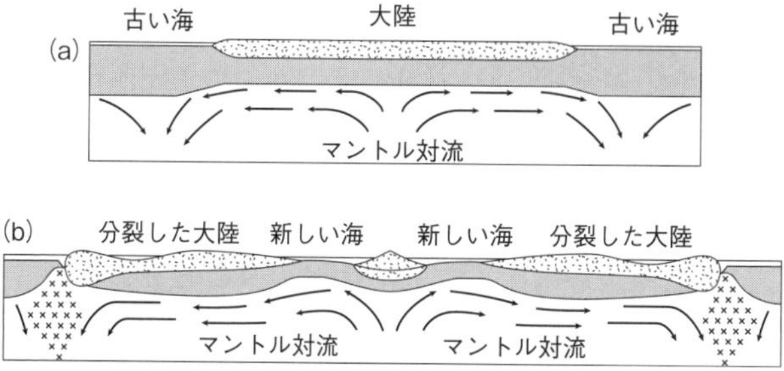

図2－5　ホームズによるマントル対流の概念図（Holmes, 1931）

気の中、一筋の光明が差しました。1928年に、イギリスの地質学者であるアーサー・ホームズ（図2－4）が、グラスゴーで開かれた地質学会において、ウェゲナーが提唱した大陸移動の原動力を説明するため、「マントル対流説」を初めて提唱したのです（図2－5）。ただ、マントル対流説といっても、この当時は、まだマントルという言葉はなく、「シマ」と呼ばれる地下の玄武岩質の層が対流し、「シアル」と呼ばれる花崗岩質の大陸地殻が氷山のようにプカプカと浮いているイメージでした。

マントルが対流していることは誰もが認める事実となっている現在となっては、“マントル対流の父”と表現しても過言ではないくらいホームズは偉大な人物です。ちなみに、ホームズは20世紀最大の地質学者と称され、現在の地球科学に必要不可欠な大きな学説と研究方法を提案しました。ホームズの特筆すべき功績は2つあります。その1つはマントル対流説の提唱ですが、もう1つは、放射性同位体の壊変を利用した岩石の年代測定（放射年代測定）です。一人の学者が１つの大きな仕事を成し遂げるだけでも、非常に困難なことですが、ホームズは２つもの大きな仕事を世に残したのです。

しかしながら当時は、そのマントルを対流させる原動力が何であるかが、分かりませんでした。そのためウェゲナーが1930年にグリーンランド探検中に遭難死した後、約30年足らずの間は大陸移動説に関する議論は停滞してしまいました。ウェゲナーの大陸移動説は長い間、学界で認められなかったのです。

やはり大陸は動いていた！

停滞していた大陸移動説の突破口を開いたのが、第二次世界大戦後、1950年代から60年代の古地磁気学と海洋底観測の発展です。「大陸や海底は動かない」という常識を覆す大きな発見が海底の調査からもたらされました。

第３章で詳しく解説するように、岩石中には磁気を持った鉱物（磁性鉱物）が存在し、その岩石ができた時代の地球磁場の方向を記憶しています。海底に記録された磁気を調べると、大西洋の海底は中央海嶺と呼ばれる南北に延びた巨大な海底山脈を中心に東西両側に分かれており、中央海嶺で海底が新しく生まれて拡大していることが明らかになりました。この発見をもとに、当時の多くの地球科学者は、このような海底の拡大は、大西洋の中央海嶺のみならず、地球上のほかの海底（たとえば太平洋やインド洋）にも存在すると考えました。それまでは、海底の地形は平坦だと思われていました。

1960年代に、アメリカ人のロバート・シンクレア・ディーツ博士とハリー・ハモンド・ヘス博士が中心になって提唱されたこの学説は「海洋底拡大説」と呼ばれます。海洋底拡大説の登場により、ウェゲナーの大陸移動説が再び評価されるようになるのです。

ヘス博士は、1962年に、「地球ができあがるとマントル対流は細かく分裂し、コアからわき上がる無数の小さなループ（マントル対流の上下運動）が生じた」、また、「この対流が表面に達すると、融けた物質（マグマ）がしみ出し、中央海嶺と新しい海洋地殻を形成した。マグマはしみ出し続け、古い海底は中央海嶺を境に左右へ押し出されていく。対流の下降部では古くて冷えた海底が沈み、マントル層に再び引きずり込まれる。そこが海溝である」という理論を打ち立てました。要約すれば、「マントルの上昇域が海嶺、下降域が海溝の場所に相当し、海溝で海底が地球深部に沈み込む」ということを提唱したのです。

ヘス博士のこの説は、ホームズが初めて提唱したマントル対流説を補強したものでしたが、同時にその後のプレートテクトニクス理論の誕生にも多大な影響を与えました。

1960年代後半には、プレートテクトニクス理論をいち早く提唱したカナダ人の地質学者であるジョン・ツゾー・ウィルソン博士が、海洋底の拡大から消滅に至る一連の繰り返しに関する論文『大西洋は閉じて、再び開いたか？』を発表しました。さらに、アメリカのウィリアム・ジェイソン・モーガン博士、イギリスのダン・ピーター・マッケンジー博士、フランスのザビエル・ルピション博士らによって、プレートが剛体的な固い“板”として地球の球面にそって水平運動しているという考えを発表しました。

つまり、プレートが、海嶺で誕生し海溝で沈み込む間に地球表層を水平運動し、ときにはプレート同士が横ずれ運動するということが理論的に説明され、ようやくプレートテクトニクス理論が完成したのです。

このプレートテクトニクス理論の誕生により、ウェゲナーの大陸移動説は、彼の死後30年程経ったころには、誰もが認めるようになったのです。

やはりマントルも動いていた！

プレートテクトニクス理論の登場により、ホームズから始まるマントル対流説が徐々に学界で認められるようになり、また、大陸移動の原動力がマントル対流であると考える人が増えてきました。

1974年にはマッケンジー博士らによって、マントル対流の流体力学的理論に関する論文が発表されました。この論文により、マントル対流をコンピューターでシミュレーションするための基礎が確立されました。

マントル対流を支持する研究はその後も続きました。1976年になると、日本の安芸敬一博士（当時マサチューセッツ工科大学）らによって、「地震波トモグラフィー」と呼ばれる地下の地震波速度変化を解析する手法が発表され、その後、1984年には、ハーバード大学のジョン・ウッドハウスとアダム・ジウォンスキー両博士によって地球全体内部（この時点では、上部マントルのみ）の地震波速度変化の分布を３次元で画像化した論文が初めて発表されました。

「地震波トモグラフィー」とは地震波速度が伝わる物質の種類や密度によって異なることを利用して地球の内部構造を画像化する手法です。トモグラフィー（tomography）とは、断層という意味の「tomo-」と、画法という意味の「-graphy」を組み合わせた言葉です。医療現場で使われるCT（コンピューター・トモグラフィー、あるいは、コンピューター断層撮影法）は、Ｘ線の透過率が物質の種類や密度によって異なることを利用していますが、原理的にはこれと同じです。

Ｘ線では、人体内部の骨は白色、空気や水は黒色で画像化されます。一方、地震波は、地球内部の固い物質は高速度で、やわらかい物質は低速度で伝わります。地球のどこかの場所で地震が発生すると、別の場所で地震波が計測されます。このとき、伝わってくる時間差を世界中で測定し、解析することにより、地球内部のどの場所で地震波が速く伝わったり遅く伝わったりするかが分かります。その速度の違いを色で区別して画像化する技術が地震波トモグラフィーです。

地震波トモグラフィーの研究と歩調を合わせるように、1980年代後半から1990年代前半になると本格的なマントル対流のコンピューター・シミュレーションが行われるようになりました。

1985年にはアメリカのロスアラモス国立研究所のジョン・バウムガードナー博士により、実際の地球の形状であ

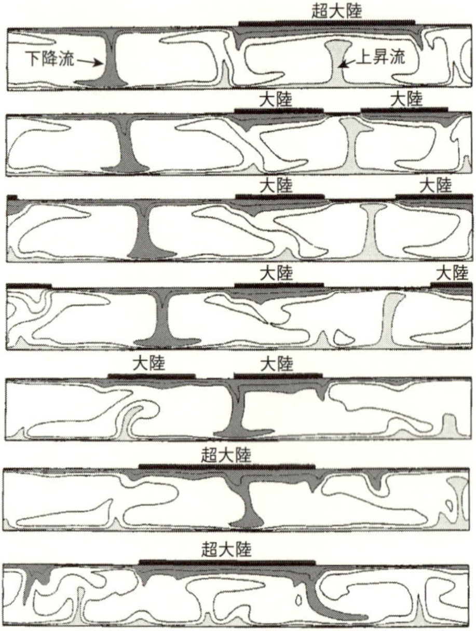

図2－6　超大陸を考慮した2次元マントル対流のコンピューター・シミュレーション (Gurnis, 1988)
地表の板状のものが大陸。薄いグレーはマントルが上昇する領域、濃いグレーはマントルが下降する領域を表す

る3次元球殻モデルでマントル対流をシミュレーションするためのプログラムが世界で初めて開発されました。その後、世界のいくつかのグループもコンピューター・プログラムを競って開発し、それを用いたシミュレーションによってマントル対流の基本的なパターンが明らかになってきました。1988年には、カリフォルニア工科大学のミハエル・ガーニス博士が、マントルを2次元空間と単純化した

モデルですが、マントルより固いと仮定した板状の大陸が、マントル対流によってマントルの上を筏のように水平方向に“漂流”する様子を世界で初めて再現しました（図2－6）。

地震波トモグラフィーとマントル対流のコンピューター・シミュレーションの両立により、実際の地球において、低温で密度の大きい部分（沈み込むプレート）がマントル深部に向かって下降し、逆に、高温で密度の小さい部分がマントル深部から地表面に向かって上昇しているという、マントル対流の基本的なイメージ（図1－10）は誰もが信じて疑わない科学的事実となりました。

マントル対流のコンピューター・シミュレーションと地震波トモグラフィーは、現在の固体地球科学の研究には欠かせない重要な研究手法です。その詳細については、第6章で詳しく紹介しましょう。

第3章

大陸はなぜ移動するのか？

とうとう「大陸はなぜ移動するのか？」という１つ目の本題に到達しました。ここまで読んでいただいた読者のみなさんには、大陸移動の原動力がマントル対流であることをなんとなく理解していただけたと思います。

第１章で解説したように、地球の中を直接覗いたり、岩石を採取したりすることは不可能です。大陸移動やプレート運動の様子から、知恵を振り絞って地球内部の運動を何とか類推するしかありません。そのため、大陸移動やプレート運動の原動力やメカニズムについて、もっと掘り下げて考える必要があります。

本章では、マントルの運動やマントルの固い表層部分であるプレートの運動が、大陸にどのように働いて大陸が移動するのかを詳しく解説しましょう。

プレート運動の原動力を考えよう

大陸移動の原動力を解明することは、固体地球科学上の第一級の研究テーマであり、現在の地球科学の進展をもってしても分からないことがたくさんあります。ただ、私たちの研究によって、その核心に迫りつつあることは確かです。

大陸はプレートに乗って移動しています。そのため、大陸移動の原動力を考える前に、プレート運動の原動力が何であるかを考える必要があります。

プレートに働く力はさまざまありますが（図３－１）、

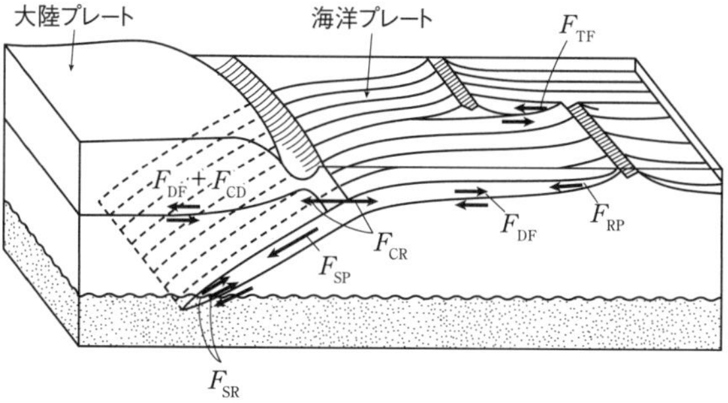

図3－1　プレートに働くいろいろな力（Forsyth & Uyeda, 1975）

プレートの底に働く力とプレートの側面、つまりプレート同士の境界に働く力の２種類に分けられます。ここで、後者を「プレート境界力」と呼ぶことにします。

プレートの底に働く力——ベルトコンベアかブレーキか？

第１章で解説したように、プレートの下には、アセノスフェアと呼ばれる比較的やわらかい層があります。このアセノスフェアの動きがプレートの底面に働く力のもととなっています。

それはアセノスフェアとの「摩擦力」です。摩擦力とは、異なる２つの物体が接触しているとき、その接触面に平行に働く力です。正確には、物質が粘性（ねばりけ）をもつことによって生じる力ですから、「粘性摩擦力」とも呼びますが、ここでは簡単に、「摩擦力」と呼びましょう。この力はアセノスフェアの流れる速さによってまったく異なる働きをします。

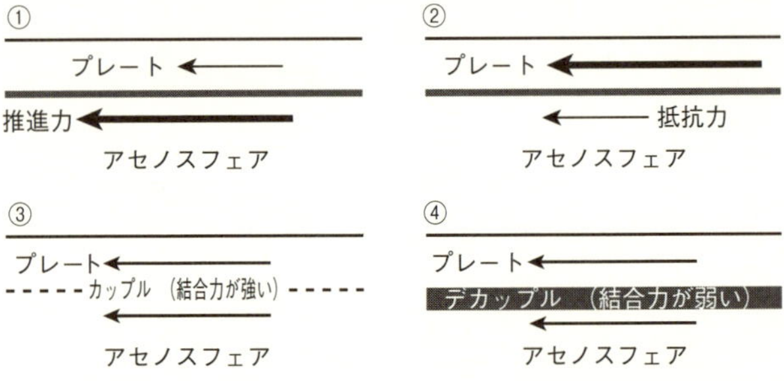

図3－2　海洋プレートの速度とアセノスフェアの速度の関係
矢印の長さは速度の大きさを表す。①の場合、アセノスフェアはプレート運動の推進力として、②の場合、抵抗力として働く。③はプレートとアセノスフェアがカップルして結合力が強く、同じ速度で動いている場合、④はプレートとアセノスフェアがデカップルして結合力が弱く、それぞれが独立して動いている場合

アセノスフェアの流れが、プレート運動より速ければ、プレートにとってアセノスフェアは推進力（原動力）の役割をします。つまり、プレートはベルトコンベアのようなアセノスフェアに乗って動いているというイメージです（図3－2①）。

一方、アセノスフェアの流れが、プレート運動より遅ければ、プレートにとって、アセノスフェアは抵抗力の役割をします。この場合、せっかく何らかの力によって大きな速度で動いているプレートはアセノスフェアによってブレーキをかけられてしまいます（図3－2②）。

アセノスフェアとプレートの速度が同じ程度の速さの場合、推進力（原動力）と抵抗力のどちらも働きません（図3－2③）。なぜなら、プレートとアセノスフェアが一体

となり（カップルして）、結合力が強い状態で運動しているからです。一方、プレートとアセノスフェアの間にさらに特別なやわらかい層があって結合力が弱く、プレートとアセノスフェアが独立して（デカップルして）動いている場合も推進力（原動力）と抵抗力のどちらも働きません（図３－２④）。

図３－２の①と②の場合のように、アセノスフェアがプレートにとって推進力か抵抗力のどちらに働くにしても、そのプレートの底面にかかる力を合わせて「マントル曳《えい》力《りよく》（マントル・ドラッグ・フォース）」と呼びます。曳力とは引きずる力という意味です（図３－１のF_{DF}）。

マントル曳力は海洋プレートの底面にも大陸プレートの底面にもあります。ただ、大陸プレート下と海洋プレート下では、その下にあるアセノスフェアの性質（固さなど）が異なります。そのため、海洋プレート下と異なるマントル曳力がある可能性があるので、大陸プレート下では、「大陸マントル曳力」（図３－１のF_{CD}）が加わると考えましょう（$F_{\mathrm{DF}} + F_{\mathrm{CD}}$）。

プレート境界力①——引っ張られたり抵抗されたり

プレート境界力にはさまざまな力があります。

まず、海洋プレートがマントル中に沈み込むとき、海洋プレートは周囲のマントルよりも温度が低く密度が大きいため相対的に重くなります。つまり、沈み込む海洋プレート（スラブ）は、重力によりどんどんマントル中に沈み込もうとします。この力は「スラブ引っ張り力（スラブ・プル・フォース)」と呼ばれます（図３－１のF_{SP})。

また、海洋プレートがマントルの奥深くにどんどん沈み込んでいくとき、スルスルと中に沈み込むわけではなく、その先端部分は、周囲の固いマントルから沈み込みを妨げられるような抵抗を受けます。この力を「スラブ抵抗力(スラブ・レジスタンス・フォース)」と呼びます（図３－１のF_{SR})。特に、下部マントルは上部マントルよりも固いので（第６章参照)、海洋プレートが下部マントルに突っ込むときは、この抵抗力は特に大きくなります。

また、海洋プレートは、海嶺から遠ざかるにつれて海底の年代の平方根にしたがって厚くなる（第１章参照）ので、自重でマントル中に垂れ下がろうとします。この力を「海嶺押し力（リッジ・プッシュ・フォース)」と呼びます(図３－１のF_{RP})。海嶺下のマントルがプレートを水平方向に押すような働きをするので、このような名前がついています。

プレート境界力②——吸い込まれたり擦れ合ったり

このほかにも、プレート同士が衝突するプレート収束帯にかかる力がいくつかあります。まず、海洋プレートと大陸プレートがぶつかるプレート収束帯では（海洋プレート同士、大陸プレート同士のぶつかり合いでもよいのですが)、「プレート衝突抵抗力」(図３－１のF_{CR}）という力が働きます。実際の地球では、この力を解放するために、どちらかのプレートはどちらかのプレートの下に沈み込むか、乗り上げたりします。一方のプレートが一方のプレートの下に沈み込んで海底に谷ができたり、プレート同士がぶつかって大陸に山脈ができたりして地形の高低差ができるのはこのプレート衝突抵抗力のためです。

また、海洋プレートと大陸プレートがぶつかるプレート収束帯で、海洋プレートが海溝から海側に後退するとき、後退した空間を埋めるように、大陸プレートが海溝側に“吸い込まれ”ます。この力の呼び方ははっきりしませんが、ここでは、「海溝吸引力」と名付けておきましょう(F_{SU})。

さらに、プレートがすれ違うところ（トランスフォーム断層）では、２つの物体が接触しているので、その接触面で先ほども登場した摩擦力が働きます。この力を「トランスフォーム断層抵抗力」と呼びます（図３－１のF_{TF})。ただ、この力は、擦れ合う面積が小さく、プレートのごく限られた部分に働くので、プレートの原動力に対する寄与としては無視してよいでしょう。

プレートに働く力のチャンピオンは？

プレートに働くさまざまな種類の力を紹介しましたが、どの力が一番大きいのでしょうか。これまでに登場した力はいずれも、プレートの決まった部分に働きます。そのチャンピオンを知るためには、それぞれのプレートの面積やプレートを囲む長さに注目すればよいのです。1975年に、ドナルド・フォーサイス博士と上田誠也博士は、地球上の各プレートの運動速度とプレートの総面積、大陸が占める面積、プレートを囲む海嶺、海溝、トランスフォーム断層の長さの関係を図にしてみました（図3－3）。

まず分かったことは、プレート速度とプレートの面積には相関がないということでした（図3－3①）。これはどういうことでしょうか？

では、マントル曳力がプレート運動の抵抗力として働くとしましょう（図3－2②）。このとき、マントル曳力はプレートの面積に比例するので、一番大きい太平洋プレートは最も抵抗を受け、その速度は一番小さくなるはずです。しかしながら、実際には、太平洋プレートは、プレートの面積がずっと小さいココスプレートやナスカプレートとほぼ同じ

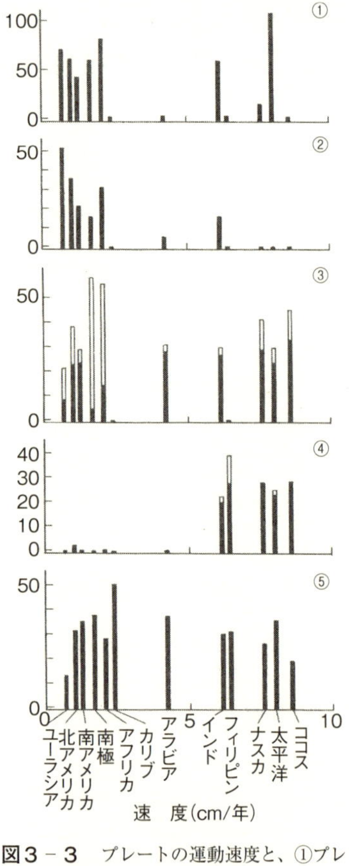

図3－3　プレートの運動速度と、①プレートの総面積、②大陸が占める面積、③プレートを囲む海嶺の全長、④プレートを囲む海溝の全長、⑤プレートを囲むトランスフォーム断層の全長の関係。③と④では、全長（白）のうち、プレートに有効な力を及ぼす長さ（黒）を示している。縦軸の単位は$10^6 km^2$（①、②）、%（③～⑤）（Forsyth & Uyeda, 1975）

速度で動いています。したがって、マントル曳力がプレート運動の抵抗力として働いているというモデル（図3－2②）は正しくないのです。

つまり、マントル曳力は、プレートにとって推進力（原動力）として働いているか（図3－2①）、もしくは、抵抗力と推進力（原動力）のどちらでもないか（図3－2③）、あるいは、プレートとアセノスフェアが完全に独立して動いているか（図3－2④）のいずれかであると言えます。

これら3つのモデルのうち、図3－2④のようにプレートとアセノスフェアがデカップルしている場合は、プレートの面積の大きさにかかわらず、プレートにかかるマントル曳力の寄与は小さいので、プレート速度とプレートの面積には相関がないことを説明できます。ただ、プレートとアセノスフェアの間に、お互いの運動をデカップルさせるような特別な層があることは現在のところ確認されていません。アセノスフェアの上部が部分溶融を起こしてやわらかくなっているという可能性はありますが、地球全体という規模で広範囲に融けているとは考えにくいでしょう。図3－2の④の可能性は小さいと考えられます。

したがって、プレートとアセノスフェアの関係は図3－2の①か③のどちらかであると考えられますが、①のようにアセノスフェアが上に乗っているプレートをベルトコンベアのように引きずるほど、プレート運動よりも有意に速いという直接的な証拠はいまのところありません（マントル対流の速度がプレート運動の速度、つまり年間数cmよりもすごく速ければ話は別ですが……)。したがって、図3－2の①の可能性も小さいでしょう。

そこで、残ったモデルは図3－2の③です。

マントル対流のコンピューター・シミュレーションを行うと、マントルの粘性が温度に強く依存する効果を考慮することによって、プレート運動は自然に再現されます(第6章参照)。プレートはもともとアセノスフェア(あるいは、マントル)が冷えてできた固い部分ですから、それらが結合して移動していると考えるのは自然なことでしょう。そのため、図3－2③のモデルが実際の地球の状態と最もよく合致していそうです。

プレートに働くさまざまな力のうち、どの力が一番大きいかという話に戻りましょう。

プレート境界力のうち、どれが重要であるかを判断する材料が、図3－3の③、④、⑤です。③、④、⑤はそれぞれ、図3－1のF_{RP}、F_{SP}、F_{TF}の大きさと関係があります。これをみると、プレート速度と、海嶺やトランスフォーム断層の長さには明らかに相関がありません。一方、プレート速度と海溝の長さとは相関がありそうです。つまり、長い海溝を持っているプレートほどプレート運動が大きいのです。

これは直感的にも分かります。西太平洋の海溝で長い沈み込み帯がある太平洋プレートは、地球上の全プレートの中で最も速く動いています(年間約8 cm)(図1－4)。したがって、プレート境界力の中で最も重要なのは、スラブ引っ張り力(F_{SP})で、海嶺押し力(F_{RP})やトランスフォーム断層抵抗力（F_{TF}）はずっと小さいのです。

フォーサイス博士と上田博士は、さらに、各プレートにかかるすべての力の総和が、作用・反作用の原理からゼロになることを利用して定量的な解析を行い、それぞれのプレート境界力の相対的な“重要さ”を数値化しました（図３－４）。それによると、海嶺押し力の重要さはスラブ引っ張り力の重要さのたった10分の１程度であることが分かりました。つまり、プレートは、ほとんどスラブ引っ張り力のみで動いていると思って間違いないのです。

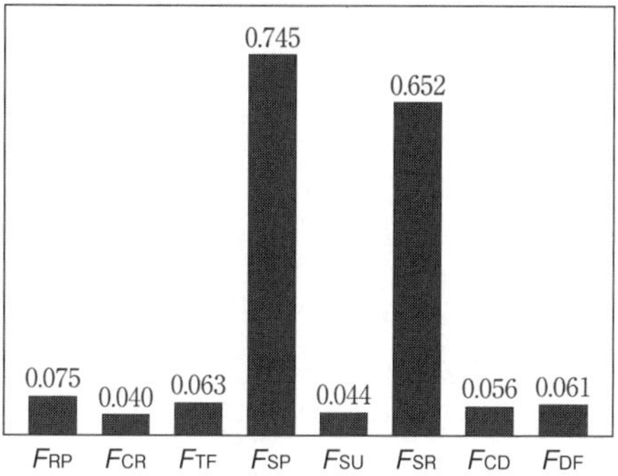

図３－４　それぞれのプレート境界力の“重要さ”を数値化したもの

F_{RP}は海嶺押し力、F_{CR}はプレート衝突抵抗力、F_{TF}はトランスフォーム断層抵抗力、F_{SP}はスラブ引っ張り力、F_{SU}は海溝吸引力、F_{SR}はスラブ抵抗力、F_{CD}は大陸マントル曳力《えいりょく》、F_{DF}はマントル曳力

（Forsyth & Uyeda, 1975）より

スラブ抵抗力もスラブ引っ張り力と同程度に大きいことが分かります（図３－４）。これは、実際の海洋プレートは、大きなスラブ引っ張り力によって引っ張られ、それと同程度の大きなスラブ抵抗力によって相殺されるようにバランスを取っていると考えてよいでしょう。

つまり、実際の海洋プレートで、沈み込む前のプレートの水平部分にかかる力は、$F_{SP}-F_{SR}$と考えてよさそうです。$F_{SP}-F_{SR}$の値が正であるとプレートは沈み込みます。この時、$F_{SP}-F_{SR}$の値は、海嶺押し力（F_{RP}）など他のプレート境界力と同程度だと考えてよいでしょう。また、沈み込みスラブを持たないプレートに関しては、F_{SP}、F_{SR}以外のプレート境界力の大小関係によってプレート運動速度が微妙に決定されるのだと考えられます。

海嶺押し力がスラブ引っ張り力のたった10分の１程度という結果は、異なる理論的解析手法からも支持されています。

大陸プレートの原動力は？

このように、プレート運動の最も大きな原動力は沈み込み帯でのスラブ引っ張り力でした。図３－３②で、大きな大陸を持つプレート（ユーラシア、北アメリカ、南アメリカ、南極、アフリカ）のプレート運動速度は明らかに小さいのが分かります。これは、これらのプレートが海溝（沈み込み帯）をほとんど持たないからです。その証拠に、インド・オーストラリアプレート（図３－３では、“インド”と書かれたプレート）は、北側に広範囲な沈み込み帯があるので（図１－４）、オーストラリアという大陸を持っているにもかかわらず、プレート運動速度は大きくなっているのです。

つまり、大陸プレートといえども、沈み込み帯を持つ場合は、海洋プレートと同じように速く運動することがあるのです。このことから、もしかすると、地球の歴史上で大陸の離合集散が繰り返されたとき、高速で動く大陸もあったという可能性も考えられます。

これまでに、「大陸はどのように移動するのでしょうか？」「大陸移動の原動力は何でしょうか？」とみなさんに問いかけました。

海嶺で誕生した新しい海洋底、つまりプレートは、地球表面を水平方向に移動し、やがて沈み込み帯でマントルに返っていきます。そのプレートに大陸が乗っていれば大陸は移動することになります。「大陸はどのように移動するのでしょうか？」という問いには、「大陸は、地球表面を水平方向に移動するプレートに乗って移動する」と、ここまで読んでいただいたみなさんには簡単に答えられるでしょう。

では、「大陸移動の原動力は何でしょうか？」という問いには、なんと答えるのが正解でしょうか。プレート運動の原動力は、一番大きなスラブ引っ張り力をはじめ、さまざまなプレート境界力でした。プレート境界力は、たしかに、大陸移動の原動力の一つです。

しかし、そもそもプレートはマントル対流が存在しないと誕生しません。なぜなら、対流するマントルの冷たく固い表層部分がプレートだからです。また、プレートがマントルに沈み込むと、それを埋め合わせるように、マントルのどこかで上昇する流れが生じます。その上昇する流れの地表に現れる“窓”の一つが海嶺です。プレートは、まさにその海嶺で誕生するのです。

したがって、マントル対流は、地表でプレート運動が存在するためには欠かせない存在です。

ここまでをふまえて、以前に出した質問に答えましょう。

「大陸移動の原動力は何でしょうか？」と問われれば、私は「大陸移動の原動力はマントル対流と、（プレート同士が押し合いへし合いしながら相互運動する結果として生まれる）プレート境界力の両方です」と答えます。

ただし、プレート運動やプレート境界力が発生する原因は結局のところマントル対流ですので、「大陸移動の原動力はマントル対流です」という答えでも正解でしょう。

地球の自転が大陸を動かす？——地球をコマにたとえてみると

第２章で解説したとおり、海洋底拡大説やマントル対流説が広く認められるようになったのは、1960年代後半になってからです。

1930年（昭和５年）に発行された『星と雲・火山と地震』の中で紹介されている地震学者の今村明恒博士著「地震の話」には、以下のような解説がなされています。

> 大陸は現今のように五大洲に分れてゐるけれども、地球が融けてゐた状態から、固まり始めたときには、単に一つの塊であつたが、それが或作用のために数《すう》箇《こ》の地塊に分裂し、地球の自転其他の作用で、次第に離れ離れになつて今日のようになつたものと信じられてゐる。（筆

者註：「洲」とは広義的に大陸の意味で、五大洲とは、ここでは、アジア、ヨーロッパ、アフリカ、アメリカ、オセアニアを指す）

このように、今村博士は、大陸移動の原動力は、「地球の自転（その他）」と説明しています。

現在の固体地球科学では、地球の自転が大陸移動の原動力であるとは信じられていません。地球のマントルや大陸は固い岩石がぎゅうぎゅうに詰まってできているために、地球の自転によって生じる力（遠心力やコリオリ力）によって影響を受けることはないからです。これは、木や鉄でできたコマを回しても、コマの形は決して変形しないことで説明できます。つまり、マントルや大陸自身は地球が自転していることはつゆ知らず運動しているのです。

大陸分裂の２つのメカニズム

大陸移動の原動力はマントル対流とプレート境界力であることを解説しました。ある時代にひとかたまりであった超大陸が分裂するヒントもここに隠されているようです。

超大陸の分裂メカニズムとその原動力は、大きく分けて２つの考え方があります。

１つのメカニズムとしては、マントル対流の上昇流（マントルプルーム）によって、超大陸内部に伸張応力（水平方向に引き裂こうとする力）が働いて分裂するという考えです（図３－５上）。この分裂メカニズムを「能動的分裂」と呼びます。分裂してできた大陸内の“裂け目”は

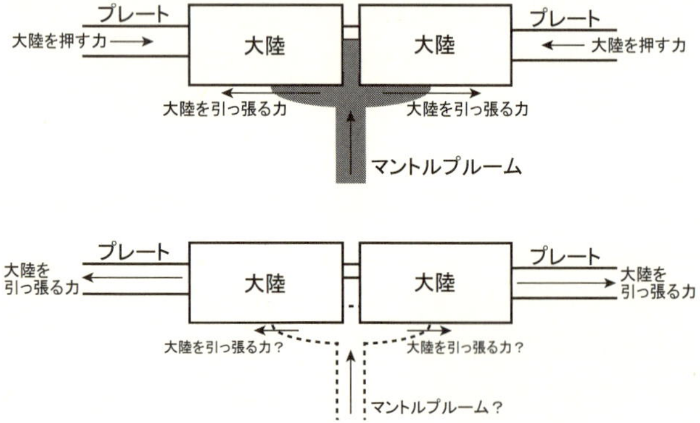

図３－５　超大陸分裂の原動力に関する２つの考え方
（上）マントルプルームによる能動的分裂、（下）超大陸がその周囲のプレート運動によって引き裂かれたあと、裂け目を高温のマントルが埋める受動的分裂

「リフト帯」と呼ばれるので、このメカニズムで裂け目が形成される現象は「能動的リフト形成」と呼ばれます。

この場合、超大陸の分裂は以下のプロセスで起こります。

① 超大陸の下で、マントルプルームが生じる
② マントルプルームが超大陸下に到達することにより、隆起が起こり、さらに大陸が薄くなる。このとき、「洪水玄武岩」（洪水のように、大陸に噴出した膨大な量の玄武岩質溶岩の岩体）が噴出し、リフトが形成される
③ 超大陸が分裂し、海洋底が拡大する。マントルプルームは超大陸を水平方向に引きちぎろうとする

④　マントルプルームは、地球深部で固定されているので、海洋底拡大が起こっても、同じ場所の海底に火山（ホットスポット）を形成する

超大陸の分裂のもう1つのメカニズムとしては、超大陸を囲む地球上の全プレートが押し合いへし合いする相互運動によって生まれるプレート境界力が原因となって、超大陸内部に伸張応力が働いて分裂が起こるという考え方です（図3－5下）。

この場合、超大陸の下に、必ずしもマントルプルームが存在する必要はありません。存在するとしても、マントルプルームは超大陸分裂を二次的にサポートする役目を果たします。この分裂メカニズムを「受動的分裂」と呼びます。このメカニズムで裂け目が形成される現象は「受動的リフト形成」と呼ばれます。

この場合、超大陸の分裂は以下のプロセスで起こります。

①　超大陸を囲む地球上の全プレートの相互運動の結果から生まれるプレート境界力によって、超大陸を水平方向に引きちぎろうとする力が働き、超大陸のある一帯が薄くなりリフト帯が形成される
②　薄くなった一帯にマントルが顔を出す。もしその直下にマントルプルームがあれば、高温のマントルが顔を出すことになる
③　やがて超大陸が分裂し、海洋底拡大が起こる

要するに、「能動的リフト形成」と「受動的リフト形成」の２つのメカニズムは、超大陸分裂が起こるのが先か、マントルプルームの上昇が先か、ということです。

超大陸内部には、かつて大陸同士が衝突した場所である「衝突帯」が存在します。その地帯は、大陸の縫い目のようになるので、縫合帯（スーチャーゾーン）とも呼ばれ、岩石がグズグズにやわらかくなって、破壊されやすくなっているはずです。図３－５のどちらのメカニズムにおいても、超大陸の分裂は、その破壊されやすい縫合帯から優先的に起こるのでしょう。

さて、分裂した大陸はマントルよりも軽いので、海に浮かぶ筏のように、マントル対流に乗って地球表面を漂います。移動する大陸の周辺部分では、重い海洋プレートが容易に潜り込み、沈み込み帯が発達しやすくなります。これは、現在の地球においても、環太平洋の沈み込み帯が各大陸の周辺に広く存在している（第１章）ことから理解できるでしょう。

沈み込む海洋プレートは移動する大陸に、ある種の“ブレーキ”を掛ける役割を果たします。それは本章で解説したプレート衝突抵抗力（図３－１のF_{CR}）です。また、地球上にある程度散らばった大陸の周辺部分に広範囲に沈み込み帯が発達すると、沈み込み帯が散らばった大陸を１ヵ所にかき集めるようになり、結果的に、超大陸が形成されやすくなると考えられます。現に、パンゲア超大陸の周辺部には広範囲に海洋プレートの沈み込み帯が存在していた

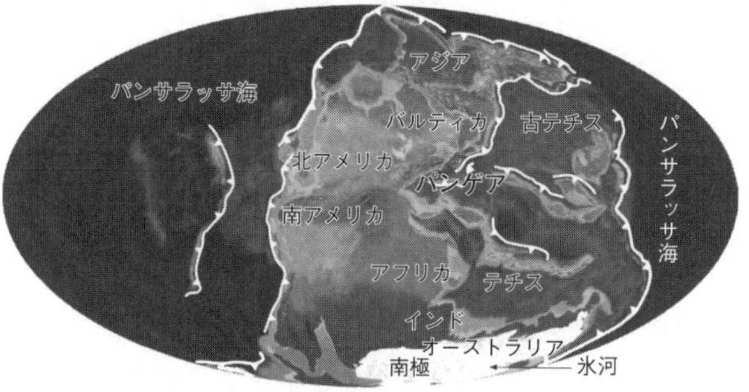

図3－6　沈み込み帯（白色の線）に囲まれるパンゲア超大陸
(Frisch et al., 2011)

ことが地質学的研究から明らかになっています（図3－6）。このように、地球の歴史において、大陸の配置と海洋プレートの沈み込み帯の分布は密接に関係しているのです。

これらの考えを総合して、実際の地球では、上で紹介した、「能動的リフト形成」と「受動的リフト形成」の2つのメカニズムが複合して超大陸の分裂が起きるものだと考えられています。なぜなら、超大陸周辺に沈み込み帯が発達すると、それによって超大陸を全体的に圧縮させるような力が働き、超大陸が分裂しにくい状況を作ります。それにもかかわらず、超大陸が分裂するためには、その圧縮する力を打ち消すか、あるいは、それを超えるような力が必要となります。その力は、超大陸の下に発達するマントルプルームにほかなりません。マントル対流のコンピューター・シミュレーションから、超大陸の下にマントルプルームが発生することが確認されています。これについては、第７章で紹介しましょう。

安定な大陸の存在

大陸は２つのメカニズム（あるいはどちらかのメカニズム）で分裂し、分裂した大陸がマントル対流とプレート境界力によって移動することも分かりました。

それでは、なぜ、地球の歴史を通じて大陸は地球表面を漂流し続けてきたのでしょうか？　大陸がマントルよりも少しだけ軽い岩石からできているといっても、所詮はマントルと同じ固体の“石”なので、大陸は移動している間にマントル対流によって巻き込まれてしまう可能性だってありそうです。

大陸のうち、先カンブリア時代（約５億4000万年前以前）に形成され、安定化した部分を「クラトン」と呼びます。あるいは、上空からみると盾を伏せたような平たい形をしているので、「盾状《たてじょう》地《ち》」とも呼びます。図３－７でみるように、すべての大陸は、大きさはさまざまですがクラトンを持っています。クラトンは、古いものでは20億年以上も前から現在まで、おそらくあまり形を変えることなく地球上に安定に存在してきたと考えられています。

話は逸れますが、現在の日本では2011年に起きた東京電力福島第一原子力発電所事故の処理で出てくる大量の放射性廃棄物（核のゴミ）を半永久的に捨てるための最終処分場をどこに建設するかという議論が起こっています。人間の生活圏から遠く離れた地下深くに放射性廃棄物を処分

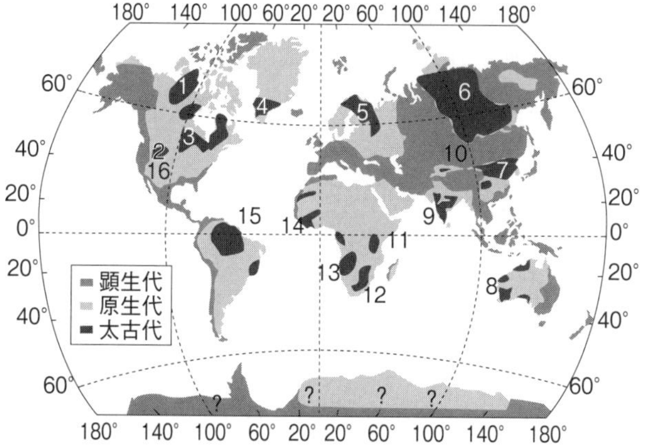

図3－7　大陸地殻の年代分布 (Lee et al., 2011)
クラトンは濃いグレー（太古代）で表示されている部分。以下のようにクラトンは標識されている。1：スレーブ、2：ワイオミング、3：スペリオール、4：グリーンランド、5：フェノスカンジア（バルト盾状地）、6：シベリア、7：北中国、8：西オーストラリア、9：インド、10：タリム、11：タンザニア、12：南アフリカ（カープバール）、13：コンゴ、14：西アフリカ、15：アマゾニア、16：コロラド高原

することを地層処分と呼びます。日本列島は顕生代以降にできた新しい大陸ですので、どこに最終処分場を作っても、将来にわたって岩盤が安定的であるという保証がありません。

一方、フィンランドでは、オルキルオト島という場所にオルキルオト原子力発電所があり、そこで出てくる放射性廃棄物を捨てるための、オンカロという施設が近くに作られています。オンカロは、フィンランド語で“隠し場所”、あるいは“洞窟”を意味する、世界で唯一の使用済

み核燃料（高レベル放射性廃棄物）の最終処分場です。オンカロは、地下およそ400〜500 mの深さまでトンネルを掘り、そこから横穴を広げ放射性廃棄物を処分していくという施設です。

図3－7にみるように、フィンランドという国は、原生代や太古代の古くて安定な大陸（バルト盾状地の一部）で構成されていますので、地層処分を行える最終処分場を積極的に建設することができるのです。

このように、大陸地殻の年代を詳しく知り、核のゴミの処分場を決めることは、将来の人類の生活に密接に関係する原子力発電の依存度、ひいては、その国のエネルギー政策にも大きく関わってくるのです。

マントル対流から守るクッション

さて、クラトンの話に戻りましょう。このような古いクラトンの下には、地震波が速く伝わる（つまり、冷たくて固い）部分があることが知られています。1975年にプリンストン大学のトーマス・ジョーダン博士は、この大陸の根に相当するリソスフェアを「テクトスフェア」と呼ぶことを提案しました。

ジョーダン博士は、海底下とクラトン下では、地震波の伝わり方に違いがあることを発見し（クラトン下の方が速い）、この違いをテクトスフェアが存在するためと結論づけました。さらに、テクトスフェアは地震波速度が大きいことからみて低温であるのに、海洋下の同じ深さに比べて特に密度は大きくないと考えました。もし、密度が大きい場合、長い時間が経過するとマントルに沈み込んでしまうからです。

大陸をテクトスフェアまで含めるとすると、最も厚いところで、200～300kmの厚さがあることが地震波の解析から分かっています。

テクトスフェアの成因は、まだよく分かっていませんが、太古代や原生代初期（約20億年前まで）に、マントルの始原的な物質から大陸地殻が形成されるときに玄武岩質成分が除去された岩石が集まったもの、あるいは、玄武岩質の海洋地殻が生成されるときに融け残った岩石層（ハルツバーガイト層）の一部が集まったものであると考えられます。

このように、テクトスフェアは、マントルと比べて固く、大陸が地質学的な時間スケールにわたって、マントル対流に巻き込まれることなく安定に移動することに大きな役割を果たしています。

大陸は、プレートの沈み込みに巻き込まれないほどに十分に軽く、またマントル対流によってそれほど変形しないほどに十分に固いものです。それに加えて、周囲のマントルとほぼ同じ密度を持つテクトスフェアは、数億年以上という地質学的に非常に長い時間にわたってマントルに巻き込まれることなく大陸の下にくっついて、大陸をマントル対流から“保護”するクッションのような役割を果たしてきたのでしょう。

シマシマから大陸移動を復元する

これまで、大陸移動の原動力と大陸の安定性について解説してきました。つまり、プレートの一部である大陸は、プレート運動によって移動し、地球の歴史を通じて、大陸はマントル対流にほとんど巻き込まれることなく、長期間にわたって安定して地球表面を漂い続けてきたのです。

そこで次の疑問は、現在の大陸が地球の歴史を通じてどのように移動してきて、今の地球の大陸配置が決まったのか、言いかえると、過去の地球の大陸配置はどのような方法で決めることができるのかということです。さまざまな証拠を用いて、過去の大陸の配置を推定することを「復元（する）」といいます。

第2章で少し触れたように、1950年代から60年代になると、海洋底の調査および岩石に残されている古地磁気の研究により、海洋底が拡大していることが確認されました（海洋底拡大説）。学界で全く受け入れられなかったウェゲナーの大陸移動説は、岩石の「熱残留磁気測定」という手法による研究によって、再び脚光を浴びることになったのです。

火成活動（マグマ活動）によって地表面に噴出した火成岩がある高い温度（キュリー温度）の状態から冷えるとき、岩石内部の磁性（磁気）を持った鉱物（磁性鉱物）はその時代の地球磁場の方向に帯磁します。そして完全に冷え固まると、地球磁場の方向を永久に記憶します。これを「熱残留磁化」といいます。古い時代の火成岩の生成時期と残留磁気を調べることにより、その時期の地球の磁極の位置と強さを知ることができるのです。これを研究する学問を「古地磁気学」といいます。

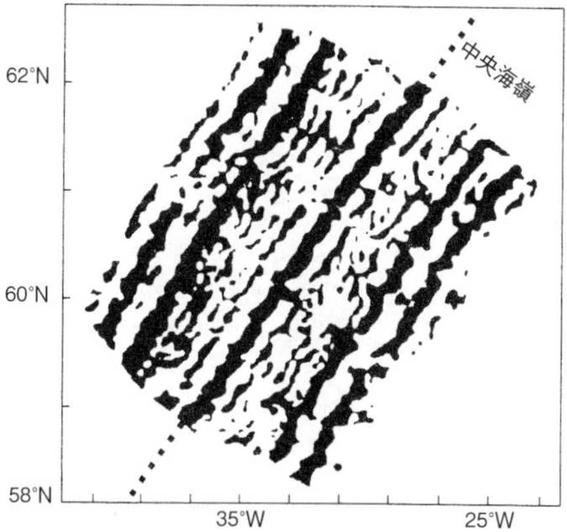

図3－8　アイスランドの南西、レイキャネス海嶺周辺の海洋底磁気異常の縞模様（川上、1995）
元の図は、Heirtzler et al.（1966）より。中央海嶺を挟んで対称的な地磁気の縞模様が見られる

実際に、大西洋の海洋地殻岩石の磁気を調べてみると、中央海嶺の両側に対称的な縞模様が見つかりました（図3－8）。この「地磁気縞模様」は、現在の地球磁場と同じ向きである「正磁極」であった時代（正磁極期）と、逆向きの「逆磁極」であった時代（逆磁極期）を記録していることを意味しています。中央海嶺をテープレコーダーの録音ヘッドとすると、海洋底は録音テープのようになっていて、中央海嶺から離れるほど古い時代の地球の磁場が記録されるようになっているのです（図3－9）。これにより中央海嶺で誕生した海洋地殻が水平方向に移動していることが明らかになりました。

現在では、精細な古地磁気学のデータより、世界中の海

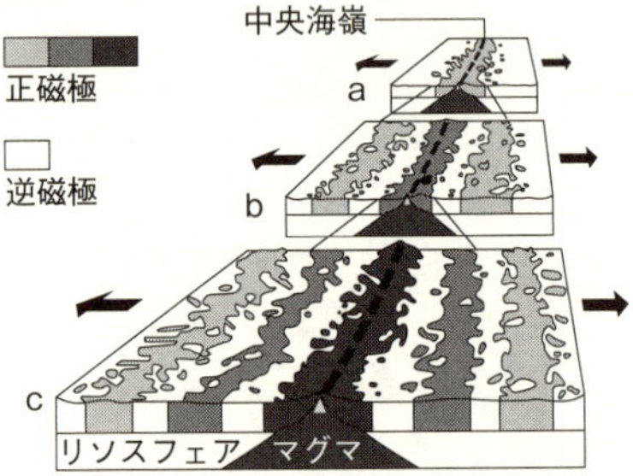

図3－9　地磁気縞模様ができる原理
海嶺で磁化された海洋地殻は冷却すると地球磁場と同じ方向に帯磁し、海嶺から離れるほど古い時代の地球の磁場の逆転の歴史を記録する。アメリカ地質調査所ウェブページ（http://pubs.usgs.gov/gip/dynamic/）より

底の年代が分かっています。図3－10を見てみましょう。大西洋だけではなく、世界中の海底で、海嶺から離れるにつれて年代が古くなっている様子がお分かりいただけるでしょうか。

次節で紹介するように地磁気逆転の時間間隔は非常に不規則です。もし、地磁気逆転の時間間隔が完全に規則的であれば、海底の地磁気縞模様も規則的なパターンになり、海底の年代を決めることはできません。しかし、幸いにもそれが不規則的であるがために、それぞれの時代ごとに特徴的な地磁気逆転の時間間隔を持っているので、海底の年代を決めることができるのです。

海底の年代が分かれば、過去（とは言っても、昔の海底が残っている1億8000万年前まで）の大陸配置の復元は可能です。図3－10を用いて、年代が若い順に海底を取り去っていき、空いた隙間ができるだけ埋まるように大陸を移動させればよいのです。この作業を、時代を遡って繰り返していくと、パンゲア超大陸の形を復元することができるのです。

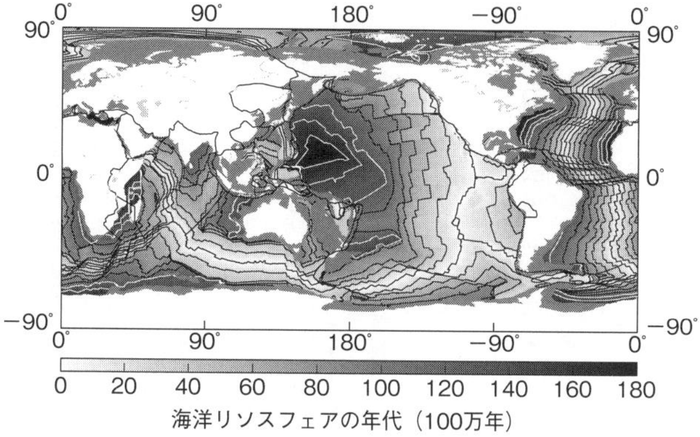

図3－10　海洋リソスフェアの年代
白いほど年代が若く、黒いほど古い。等値線の間隔は2000万年

シドニー大学などの研究者が2012年に発表した論文によると、精細な古地磁気学的データにより、過去2億年前から現在までの大陸の位置が100万年ごとに復元されています。本書の付録に紹介した“GPlates”と名付けられた“プレート復元可視化ソフトウェア”では、このデータにもとづいて、2億年前のパンゲア超大陸時代から現在までの大陸移動の様子をパソコン上でアニメーション表示できます。興味のある読者のみなさんは、是非とも大陸移動を“体験”してみて下さい。

“見かけの”極移動——大陸移動復元のトリック

地球磁場の歴史をみるといろいろと興味深いことが分かってきます。

まずは過去500万年間の地球磁場の様子を簡単に述べる

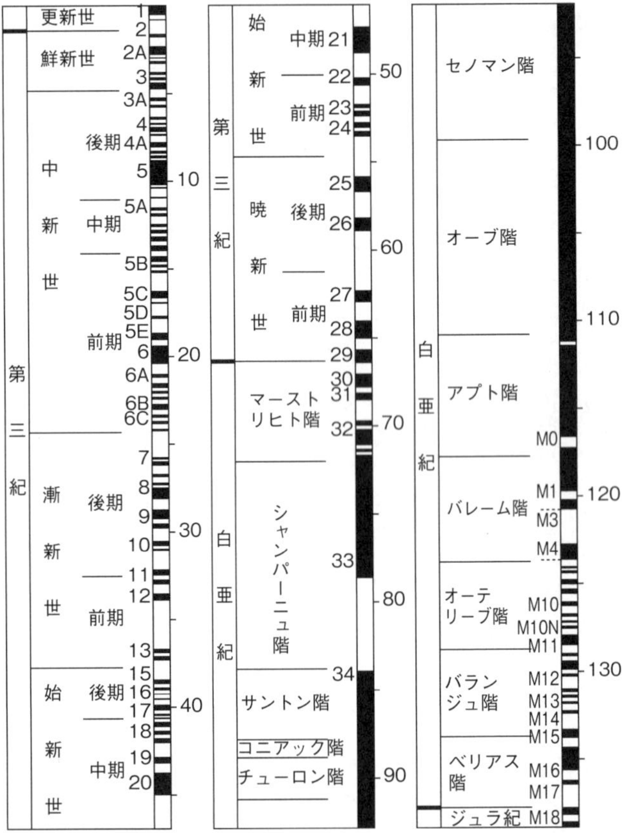

図３－11　中生代白亜紀から現在までの地球磁場（川上、1995）
元の図は、Gubbins（1994）より。黒い部分は現在と同じ磁極、白い部分は現在と逆の磁極

と、地球の磁場は平均数十万年に1回の割合で逆転していました。さらに過去に遡って過去1億5000万年間の地球磁場の歴史をみると、頻繁に逆転を繰り返していた時期や、中生代白亜紀のように約4000万年間にわたって一度も地磁気逆転が起こらなかった時期もあることが分かります（図3－11）。

さて、海底の年代が分かれば、海底が拡大した速度も見積もることができます。たとえば、図3－10をみると、大西洋の中央海嶺と太平洋の東太平洋海嶺では、年代の等値線の間隔が大きく異なります。大西洋では等値線の間隔が狭く、太平洋では等値線の間隔が広くなっています。このことから、太平洋の海底の拡大速度が大西洋のそれと比較して大きいことが分かります。

前節では、海底の地磁気縞模様から大陸配置を復元する方法を紹介しましたが、古地磁気の研究から分かった、大陸移動の復元に関する非常に重要なことがもう一つあります。ある地点で複数の時期に形成された岩石中の古地磁気を測定すると、地球の磁極の移動曲線を描くことができるということです（図3－12（a））。

地球の磁極はほとんど移動しません。それにもかかわらず、なぜ磁極が移動したようにみえるのでしょうか？　それは、測定地点のある大陸が磁極に対して移動したからです。

実際には磁極が動かなくても、大陸が移動すると、大陸から見た極の位置が変化したように見えます。これを「見かけの極移動（Apparent Polar Wander：APW）」と呼び

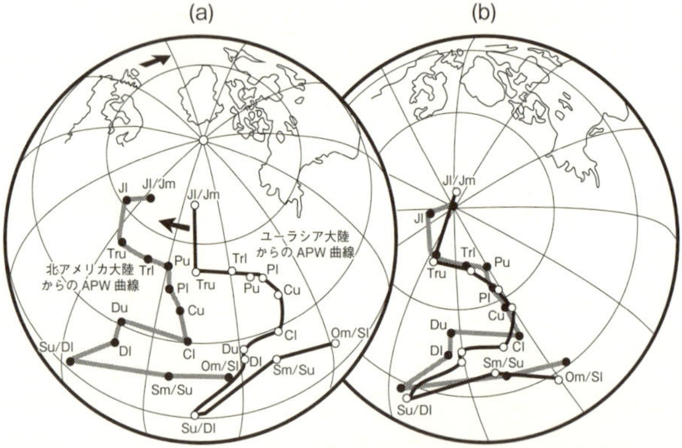

図３－12　(a) 北アメリカ大陸とユーラシア大陸からの見かけの極移動（APW）曲線、(b) 大西洋を閉じた場合の２つの極移動曲線

時代を表す記号は、Jm：ジュラ紀中期、Jl：ジュラ紀後期、Tru：三畳紀前期、Trl：三畳紀後期、Pu：ペルム紀前期、Pl：ペルム紀後期、Cu：石炭紀前期、Cl：石炭紀後期、Du：デボン紀前期、Dl：デボン紀後期、Su：シルル紀前期、Sm：シルル紀中期、Sl、シルル紀後期、Om：オルドビス紀中期。Van der Voo（1990）にもとづく

ます。図３－12（a）では、約４億6000万年前のオルドビス紀中期から約１億7000万年前のジュラ紀中期までの北アメリカ大陸とユーラシア大陸からの見かけの極移動曲線を表しています。

ある時代に同じ大陸で火成岩が冷えたとしましょう。そして、その大陸が分裂したとします。今はその大陸を、北アメリカ大陸とユーラシア大陸として考えてみます。

このとき、同じ時代に生じた火成岩の地磁気の方向から当時の地磁気の極位置を復元すると、北アメリカ大陸の岩石を用いた結果とユーラシア大陸の岩石を用いた結果は当然一致しません。

この不一致を説明するために、現在の北アメリカ大陸とユーラシア大陸が以前は繋がっており、ある時期に分離して遠ざかっていったと考えることができます。

図3－12（b）は、大西洋が閉じるように両大陸を移動させた結果です。すると、ユーラシア大陸と北アメリカ大陸で測定された見かけの極移動曲線がほぼ一致します。このことから、少なくとも約4億6000万年前～約1億7000万年前の期間は、ユーラシア大陸と北アメリカ大陸は一体として移動していましたが、約1億7000万年前頃から両大陸が分裂を開始し、大西洋を形成したことが分かります。

図3－12（b）は、北アメリカ大陸とユーラシア大陸、つまりパンゲア超大陸の北部地域であるローラシア大陸（第4章参照）の復元の例ですが、南部地域（ゴンドワナ大陸）の各大陸についても見かけの極移動曲線が存在し、同様の方法で過去の大陸配置を復元することができるのです。

パンゲア超大陸は海底の地磁気縞模様のみでほぼ復元できますが、パンゲア超大陸より古い超大陸は、このような大陸の岩石に記録された古地磁気学的データに加え、大陸に残っている化石の分布や地質構造の類似性などの地質学的データと合わせることによって、ある程度までは復元は可能なのです。

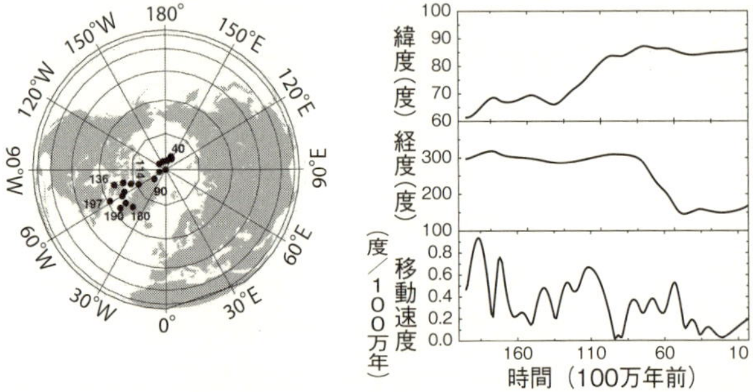

図3－13　（左）古地磁気学で復元された真の極移動、（右）極の緯度と経度、移動速度の時間変化（TPW）
黒丸がそれぞれの時代の極の位置。数字の単位は100万年前（たとえば、“197”は、1億9700万年前）。Greff-Lefftz（2004）にもとづく

“真の”極移動——地球は本当にグラついている

見かけの極移動の話が出たついでに、ここで少し横道にそれて、地球内部の変動に関して、もう一つ重要なお話をしておきましょう。

大陸移動を考慮すると、見かけの極移動はなくなり、ぴったり曲線が一致するはずですが、実際はそうではありませんでした（図3－12（b））。これは、慣性系から見た地球に対する極の移動があるからです。これを、見かけの極移動に対し、「真の極移動（True Polar Wander：TPW）」といいます。つまり、地球の自転軸が公転面に対して、見かけではなく“真に”グラついているのです。

TPWは、大陸移動や北極や南極の氷床体積の増減などによる地球表面の質量分布の変化、また、マントル対流に

よる地球内部の質量分布の変化などにより、地球全体の質量分布が変化し、地球が慣性系に対して少しグラグラと傾くことにより起こりえます。

また、TPWは周期的で、停止する期間と速く動く期間があることが確認されています（図3－13）。1億3000万年前より以前に関しては、地球深部の様子（特に、マントルの対流運動の基準となるホットスポットの運動）がよく分かっていないので不確かですが、1億6000万年前から1億3000万年前の間ではTPWはほぼ停止したこと、1億3000万年前から6000万年前の期間に比較的高速のTPWがあったこと（その移動速度は、100万年で約30km）、5000万年前から1000万年前の間では再びほぼ停止していたことが分かっています。マントル対流のコンピューター・シミュレーションにおいても、このような真の極移動が起こることが確認されています。

このように、マントル対流やそれに伴う地表面の地形の凸凹の変化、そして、おそらく大陸移動も、地球の歴史を通じて、地球の自転軸にわずかながら影響を与えてきた可能性があるのです。特に、地球全体の体積から見れば、ごくわずかな体積の大陸の移動が地球の傾きの変化に影響を与えている可能性があるなんて、なんとも壮大な話ではありませんか？　このテーマに関しては今後の研究が期待されるところです。

第4章

地球の歴史における超大陸

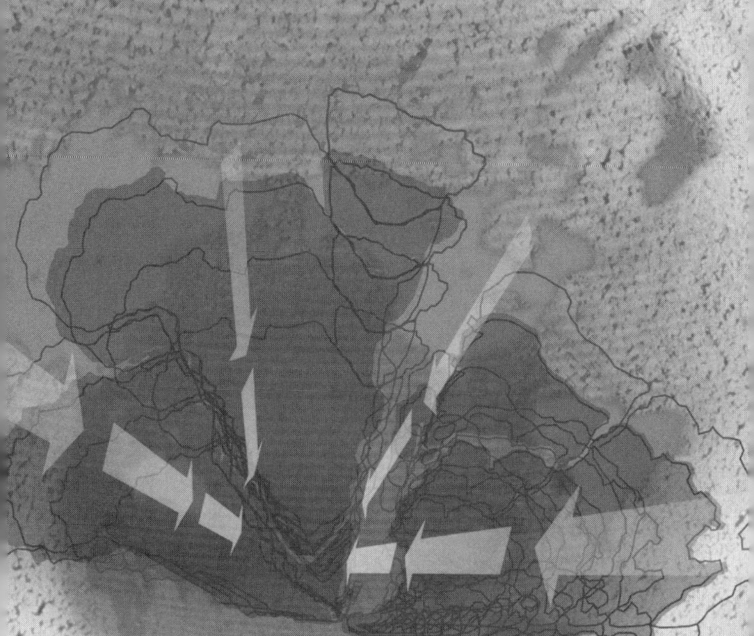

大陸は地球上で離合集散を繰り返しています。その過程で地球上のほぼすべての大陸が集まって超大陸が形成されます。現在の地球は、それぞれの大陸（六大陸）が最も地球上に散らばった時代だと考えられます。

第３章では、大陸移動の原動力やメカニズム、大陸移動の復元の方法を理解していただいたと思います。私たちが住む大陸が作る地球表面の凸凹はいわば“地球の顔”です。

本章では、大陸の離合集散と超大陸形成のメカニズム、そして、地球の長い歴史にわたって地球の顔がどのように移り変わってきたのかを時代を追って詳しく解説しましょう。未来にできるであろうパンゲア超大陸の次の超大陸は一体、どんな形になるのでしょうか？

超大陸サイクルとウィルソンサイクル

地球史を通じて、大陸は離合集散を幾度か繰り返してきました。大陸移動により、現在の大陸がほぼすべて１つにまとまって超大陸が形成された時代が過去に何度もあります。これまで解説してきたように最近では約３億年前から約２億年前にパンゲア超大陸が存在していました。

「超大陸」の定義はややあいまいですが、地球上の複数個の大陸が“ほぼ”すべて合体した大陸の集合体を超大陸と呼びます。“ほぼ”というのは実際の地球では、移動する大陸の形状は複雑であり、また、大陸を動かすマントル対流も複雑な振る舞いをするので、地球上のすべての大陸が周期的に１ヵ所に集まるとは限らないからです。

いったん形成された超大陸が複数の大陸に分裂し、再度、地球上のどこかでそれぞれの大陸が集合し、新しい超大陸が形成されるという、一連の大陸の離合集散過程を「超大陸サイクル」と呼びます。超大陸サイクルという用語は、1984年頃から学術論文で使われ始めました。

超大陸サイクルの中でも、超大陸の分裂により海洋底が拡大したものの、その後、縮小に転じ、再度、大陸同士が衝突するという一連の過程の繰り返しを、第２章で出てきたプレートテクトニクス理論の創始者の一人であるジョン・ツゾー・ウィルソン博士の名前にちなんで「ウィルソンサイクル」と呼びます。彼が1966年に発表した『大西洋は閉じて、再び開いたか？』という論文のタイトル通りの過程がウィルソンサイクルです。ただ、この用語は、ウィルソン博士が自ら名付けたのではなく、ジョン・デュウェイ博士とヘンリー・スパル博士が彼の業績に敬意を表して、1975年の学術論文で初めて使いました。

図４－１はウィルソンサイクルの一連の過程です。順を追って解説しましょう。

① マントルの上昇プルームもしくは超大陸の熱遮蔽効果によって、超大陸の真下の温度が上昇する。これにより、超大陸に“裂け目”（リフト帯）ができ、超大陸の分裂が開始する
② 大陸分裂が始まった場所が海嶺になる。大陸の裂け目

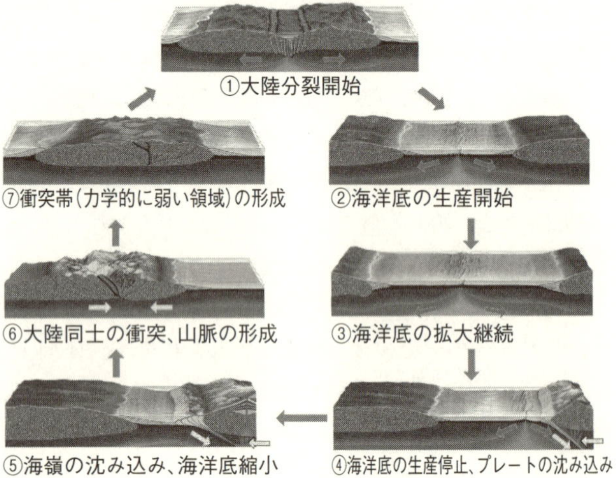

図４－１　ウィルソンサイクルの一連の過程（Grotzinger & Jordan, 2010）

に海水が浸入することで海ができ、新しい海洋底ができる

③　新しいプレートが海嶺で次々に生産され、海洋底が拡大し続ける。その結果、新しい海の面積は大きくなっていく

④　軽い大陸の下に重いプレートが沈み込み始めることでプレートが閉じ始める。海溝（沈み込み帯）の大陸側の縁辺部では、列島や山脈ができ、火山活動も起こる

⑤　海嶺も海溝で沈み込み、海洋底の生産が停止するため、海洋が縮小し続ける。やがて、海の面積は小さくなり、大陸同士が再び近付き始める

⑥　大陸同士が衝突し、新しい超大陸が形成される。この

とき、大陸地殻が盛り上がり、山脈（衝突型造山帯）が形成される。この時点で、海は完全に消滅する

⑦　山脈の中に衝突帯が形成される。このとき、衝突帯は力学的に弱いので、縫合帯（スーチャーゾーン）となり、次に超大陸が分裂するときはこの場所から優先的に分裂する。①に戻る

このように、海の拡大と縮小の繰り返しをウィルソンサイクルと呼びます。ここで注意してほしいのは、ウィルソンサイクルと超大陸サイクルは同じ意味ではなく、ウィルソンサイクルは超大陸サイクルの１つのプロセスを指すということです。

実は地球科学の研究者の中にも、超大陸サイクルとウィルソンサイクルを混同している人が結構多くいます。それは、ウィルソンサイクルという用語は地球科学を学んだ人であれば誰でも知っているメジャーな用語であるにもかかわらず、超大陸サイクルという用語は、一部の研究者しか使わないマイナーな用語だからです。

２つの超大陸形成パターン

本章で詳しく解説するように、過去の地球では、超大陸はおよそ７億〜８億年周期で形成されてきたというのが最も有力な説です。

超大陸サイクルのパターンは２通りが考えられます。カナダの聖フランシス・ザビエル大学のブレンダン・マーフィー博士とアメリカのオハイオ大学のダミアン・ナンス博

士は、その2つのパターンを、心理学の用語を借りて「内向（イントロヴァージョン）」（introversion）と「外向（エクストロヴァージョン）」（extroversion）と名付けました（図4－2）。

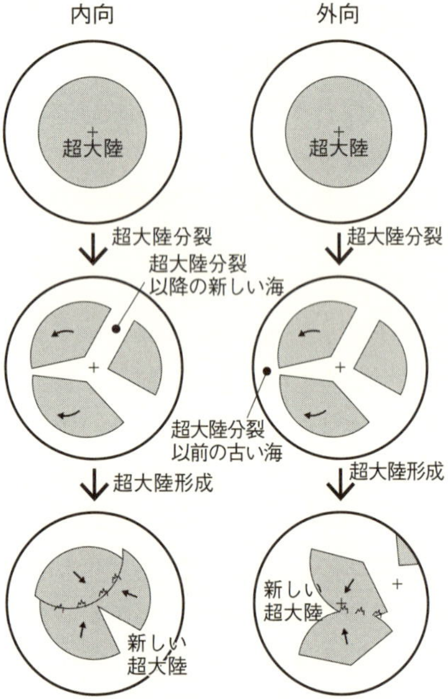

図4－2　超大陸サイクルの内向パターン（左）と外向パターン（右）

内向のパターンは、図4－1のウィルソンサイクルと同義と言えます。つまり、分裂した大陸の間に新しい海底が誕生し、その海底がある程度まで拡がると、再び、その海底が閉じるように大陸が近付き始め、やがて“同じ場所で”衝突して新しい超大陸を形成するというパターンです。

もし、このサイクルが何回も繰り返されると、それはまるで楽器のアコーディオンのようですから、「アコーディオン・テクトニクス」と呼ぶ研究者もいます。パンゲア超大陸はまさに典型的なウィルソンサイクルによって形成されました。

一方、外向のパターンは、分裂した大陸の間にできた新しい海底がどんどん拡がり、元々あった外側の古い海底がどんどん閉じて、大陸同士がもともとの場所から離れた地球上のどこかで衝突して新しい超大陸を形成するというパターンです。その過程では、古い海底は消滅します。“地球上のどこかで”と書きましたが、外向のパターンでは、地球上のどこに超大陸が形成されようが構わないのです。一方、前に説明した内向のパターン（ウィルソンサイクル）では、地球上のほぼ同じ場所で超大陸が形成されるはずなのです。

海の“化石”が教えてくれること

しかし、これらの内向と外向の２つの超大陸形成のパターンは、単に、大陸の離合集散のサイクルの両極端なプロセスを言っているだけではありません。

実は、この２つのパターンは、第３章で紹介した古地磁気学的手法では復元できないパンゲア超大陸より前の超大陸を復元する際の有効な手がかりになります。

新しい超大陸が形成されるときは、必ず、地球上のどこかで海が閉じます。このとき、超大陸と閉じた海の年齢はどのような関係にあるでしょうか。内向の場合、新しい超大陸が形成されるとき消滅する海底は、元の超大陸が分裂した時代より新しいものと考えられます。一方、外向の場合は、消滅する海底は、元の超大陸が分裂する時代よりも古くからあったはずです（図４－２）。

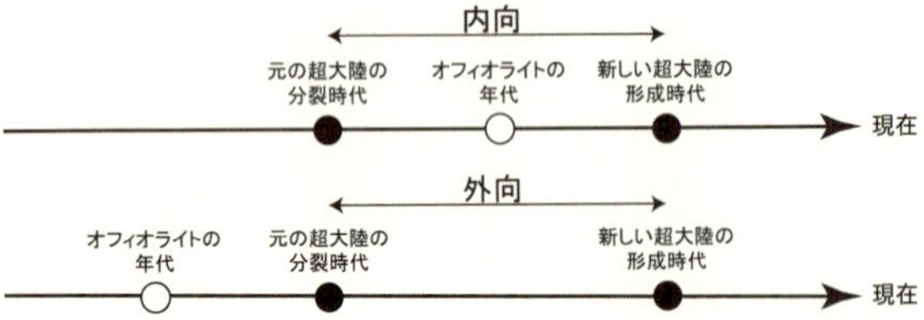

図４－３　超大陸の分裂・形成時代とオフィオライトの形成年代の関係

海が閉じるためには、海洋地殻を含む海底が地球内部に沈み込まないといけません。しかし、現実には、海洋地殻のすべてが地球内部に沈み込むのではなく、一部が剝がれて大陸にくっつき、衝突型造山帯の山脈の一部となります。その大陸に残った海洋地殻の“化石”は「オフィオライト」と呼ばれています。

そこで、ある新しい超大陸が形成されたときにできる衝突型造山帯の山脈に残されたオフィオライトが作られたときと、元の超大陸が分裂した年代を比較すれば、新しい超大陸が内向パターンで形成されたのか、外向パターンで形成されたのかが明らかになります。

内向パターンで形成された場合には、山脈のオフィオライトは元の超大陸が分裂した後にできるので、その年代は超大陸が分裂した年代より新しいはずです。逆に、外向パターンで形成された場合には、オフィオライトは元の超大陸が分裂する以前からあったはずなので、その時代は超大陸が分裂した年代より古いと考えられます（図４－３）。

マーフィー博士とナンス博士は、2003年に放射性同位体の壊変を利用した岩石の年代測定により、約６億5000万年前に形成された「ゴンドワナ超大陸」が内向パターンと外向パターンのどちらで形成されたかを区別する画期的な方法を発表しました。

彼らは、オフィオライトの年代を正確に測定する方法を用いて、ゴンドワナ超大陸衝突時にできた造山帯から約12億～７億5000万年前の年代のオフィオライトを発見しました。これは、「ロディニア超大陸」が分裂を始めたとされる約７億5000万年前よりも古いものです。こうして、ゴンドワナ超大陸が外向パターンで形成されたことが明らかになったのです。

これに対し、パンゲア超大陸では逆の結果が得られています。ゴンドワナ超大陸が分裂を始めたのは、約５億5000万年前です。パンゲア超大陸が形成されたときにできた造山帯で採取されるオフィオライトの年代は、すべて５億5000万年前より新しいものでした。つまり、パンゲア超大陸は内向パターンで形成されたと考えられるのです。

超大陸と一括りにしていますが、このようにパンゲア超大陸とゴンドワナ超大陸は、まったく異なったパターンによって形成されたものです。

超大陸はパンゲアだけではない

地球上には、過去にどのような超大陸があったのでしょうか？　また、現在の地球の六大陸はどのようにできたのでしょうか。大陸移動と超大陸成立の歴史を時系列で追っていきましょう。

	累代	代		紀	地球史の主な出来事
0	顕生代	新生代		第四紀	人類の出現（700万年前？）
			2.6	新第三紀	生物の大量絶滅、霊長類の出現（6500万年前）
			23	古第三紀	
66		中生代		白亜紀	恐竜の出現（約2億年前）
			145	ジュラ紀	海洋無酸素事変、生物の大量絶滅（約2億5000万年前）
			201	三畳紀	
252		古生代		ペルム紀	パンゲア超大陸形成（約3億年前）
			299	石炭紀	
			359	デボン紀	
			419	シルル紀	
			443	オルドビス紀	
			485	カンブリア紀	カンブリア爆発（約5億4000万年前）
541	先カンブリア時代 原生代	新原生代			全地球凍結（約6億3000万年前と約7億年前） ロディニア超大陸形成（約10億年前）
		中原生代	1000		
		古原生代	1600		コロンビア（ネーナ）超大陸形成（約18億年前？） 全地球凍結（約23億年前）
2500	太古代（始生代）	新太古代			地球磁場強度の増大（約27億年前）
		中太古代	2800		最初の超大陸形成（約30億年前？）
		古太古代	3200		
		原太古代	3600		生命の誕生（38億～40億年前）
4000	冥王代				大陸の誕生（40億～44億年前） マグマオーシャン・海の誕生（45億～46億年前） 地球の誕生（46億年前）
4600					

パンゲア超大陸以前の超大陸を復元する手がかりになるのは、地質体の形成年代や、地表面や大陸棚を覆う陸源性の堆積物の分布、また、大陸同士が衝突したときに形成された造山帯の年代などです。それらを対比することによって、過去の大陸の形成年代とその形状が“パズル合わせ”のように推定できるのです。

最も新しいパンゲア超大陸は、古地磁気学的データのみならず、パズル合わせに必要な地質学的データも豊富にあります。そのため復元に関しては、研究者の間で十分なコンセンサスが得られており、信頼性はかなり高いものです。しかし、古い超大陸になればなるほど、地質学的データの量も質も低下するので、それぞれの研究者によるさまざまなパズル合わせが行われるようになり、信頼性も低くなっていきます。

さて、地質年代の最も大きな区分は「累代《るいだい》」です。時間を遡って、顕生代、原生代、太古代（始生代）、冥王代と分けられています。図４－４の年代表に、超大陸の形成も含めた、地球史の主な出来事を列挙してみました。次節で詳しく解説しますが、最初の超大陸が形成された時期は、約30億年前の太古代だと考えられています。地球が誕生

図４－４　地質年代区分表
数字は年代を表し、単位は100万年。一番大きな地質時代の区分は「累代」で、新しい順に、顕生代（顕生累代）、原生代、太古代（始生代）、冥王代に分かれる。原生代、太古代、冥王代はまとめて、先カンブリア時代（または、隠生《いんせい》累代）と呼ぶときもある。次に大きな区分は「代」で、顕生代は、新しい順に、新生代、中生代、古生代に分かれ、それらはさらに細かい「紀」に分かれる。地球史の主な出来事を加えた

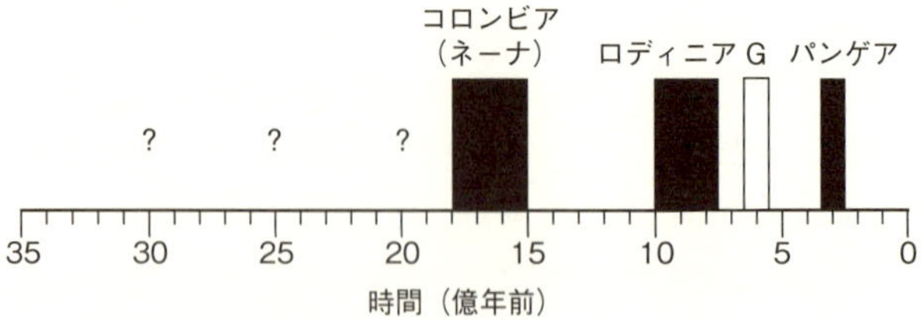

図4－5　超大陸が存在していた時代
Gはゴンドワナ大陸

したのが約46億年前ですから、こんなに昔から超大陸があったのかと驚く読者のみなさんも多いのではないでしょうか。前にもお話ししたように、実はパンゲア超大陸より前にも、地球には超大陸が存在していたのです。

図4－5は、地球の歴史で超大陸が形成されたタイミングを示した図です。本章でこのあと、時代を追って解説するように、地質学的証拠から、少なくとも過去3回の超大陸（パンゲア、ロディニア、コロンビア）が存在していたことが確認されています。古い順に、コロンビア、ロディニア、パンゲアの各超大陸が形成された時代は、それぞれ、約18億年前（原生代初期）、約10億年前（原生代後期）、約3億年前ですから、超大陸サイクルの周期は、およそ7億～8億年だと推定されます。

第5章で解説するように、最初の大陸地殻は、約40億年前には誕生したとされています（図4－4）。おそらく、その頃は、現在の伊豆・ボニン（小笠原）・マリアナ弧の規模か、それより小さい規模の「島弧」（第5章参照）で小さな大陸が誕生し、やがて、プレート運動によって複数の小さな島弧が衝突・合体して、大陸が徐々に成長していったのでしょう。この頃の大陸は、“大”陸とはとても呼べないような、現在の地球の大陸よりもはるかに小さい陸塊（“小陸”といえるかもしれません）だったのです。

太古代から原生代初期の超大陸の“先祖”

太古代後半から原生代初期にかけては、いくつかの超大陸があったと考えられています。実は、これらの超大陸は仮説の段階で、専門家の間でも十分なコンセンサスが得られているものではありませんが、有力な説として検証が進められているので紹介しておきましょう。

この時代の超大陸は、パンゲア超大陸よりもはるかに面積が小さいので、“超大陸”と呼ぶのにふさわしいかどうか分かりませんが、本書では、復元できた地塊の集まりをその大きさによらず一律に「○○超大陸」と呼ぶことにします。

最初の超大陸は約32億年前から30億年前に誕生したという説があります。1996年にワシントン大学のエリック・チェニィ博士は、カープファール（現在の南アフリカ）とピルバラ（現在の西オーストラリア）の２つのクラトンに露出する太古代から原生代にかけての地層の積み重なり方がよく対応していることに注目し、２つのクラトンが当時１つの大きな陸塊を作っていたという考えを提唱しました。

この大陸は、２つのクラトンの名前の一部を取って「バ

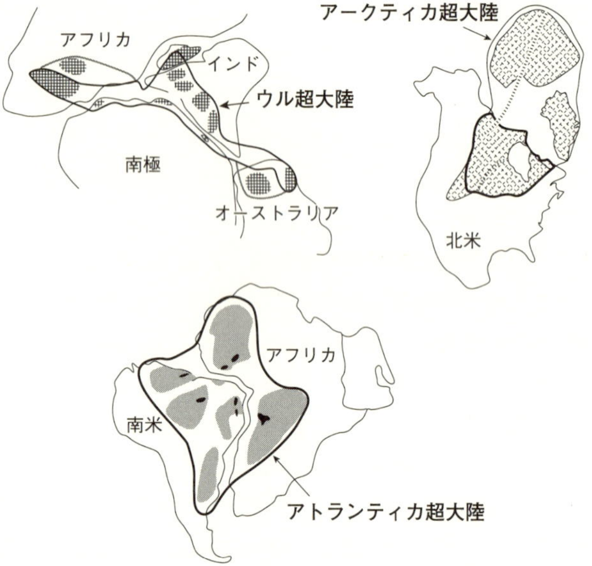

図4－6　太古代から原生代初期に存在していたとされる、ウル超大陸（30億年前？）、アークティカ超大陸（25億年前？）、アトランティカ超大陸（20億年前？）
Rogers & Santosh（2003）より改変

ールバラ」と名付けられました。「バールバラ超大陸」は約25億年前に分裂したとされています。

ノースカロライナ大学のジョン・ロジャーズ博士は、1996年に出版した論文『過去30億年の大陸の歴史』の中で、「ウル超大陸」が約30億年前に存在していたと述べています。ウル超大陸は、カープファール、ピルバラの各クラトンに加えてマダガスカル、インドの太古代の地塊を連ねた大陸です（図4－6）。ちなみにウルはドイツ語で

“オリジナル”という意味です。

また、この論文には、現在のカナダ北西部、グリーンランド、シベリアの各クラトンを含んだ「アークティカ超大陸」が約25億年前に、また、現在の南米東部とアフリカ西部を含んだ「アトランティカ超大陸」が約20億年前に存在していたと紹介されています（図４－６）。

一方、これとは別に、現在の北アメリカ大陸とグリーンランド（後のローレンシア大陸）、バルティカ（現在のスカンディナビア半島の一部と東ヨーロッパ）、ピルバラ、カラハリ（現在の南アフリカ）の各クラトンからなる「ケノーランド超大陸」が約27億年前から約21億年前に存在していたという説もあります。

コロンビア超大陸――地球史上初の超大陸？

現在の北アメリカ大陸は、太古代のクラトンとそれをとりまく原生代の造山帯として成長しました。カナダ地質調査局のポール・ホフマン博士は、1988年に“United States of America（ユナイテッド・ステイツ・オブ・アメリカ）”をもじって、“United Plates of America（ユナイテッド・プレイツ・オブ・アメリカ）”というタイトルの論文を出版しました。北アメリカ大陸はたくさんの大陸プレートの集合体だという意味です。

現在の北アメリカ大陸は、19億年前に存在していた超大陸の“残骸”であると言われています。これ以前の超大陸は、誕生後すぐに分裂したために、正確な形を復元することは非常に困難ですが、ホフマン博士は、1980年代に

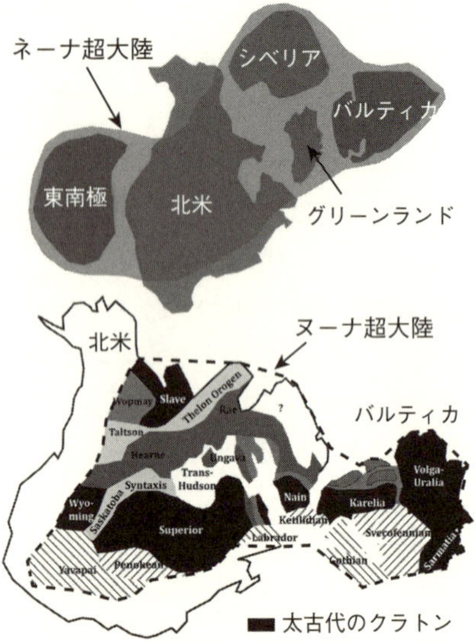

図4－7　（上）ロジャーズ博士が復元したネーナ超大陸（薄いグレーで囲まれた部分）、（下）ホフマン博士が復元したヌーナ超大陸（点線で囲まれた部分）。Meert（2012）にもとづく

北アメリカ大陸東岸のクラトンとバルティカのクラトンの地質構造の類似性をもとに、原生代初期の超大陸を復元しました。彼はこの超大陸を、エスキモー語で“北洋沿岸の陸地”を意味する「ヌーナ」と名付けました（図4－7下）。

一方、ロジャーズ博士は、論文『過去30億年の大陸の歴史』の中で、これに東南極のクラトンを含んで、「ネーナ」と名付けました（図4－7上）。ネーナ（Nena）は、North Europe and North Americaの頭文字をとったものです。ネーナ超大陸は、ローレンシア大陸（現在の北アメリカ大陸とグリーンランド）が主体となっています。

「ネーナ」と「ヌーナ」は名前が似ていてややこしいと思います。ネーナという名前は、実はそもそも、カナダ地学協会が1990年に出版した本の中で初めて使われました。ロジャーズ博士はこれにもとづいて、彼の論文の中で改めてネーナという名前を使ったのです。

そして、ロジャーズ博士と高知大学のサントッシュ・マダヴァ・ワリヤー博士（現、中国地質大学北京校）の研究グループ、また、別の研究グループの香港大学のグオチュン・ヂャオ博士らは、20億年前に形成された世界の造山帯に注目し、それらをパズルのように繋いで世界の大陸をひとまとまりに復元しました。この超大陸は、それぞれの研究グループの2002年発表の論文の中で「コロンビア超大陸」と名付けられました。この名前は、復元された超大陸において、東インドと北アメリカのコロンビア河地域の地質構造が繋げられることに由来しています。ホフマン博士が提唱したヌーナ超大陸にカラハリ、マダガスカル、インド、オーストラリア、アフリカ北西部、南アメリカ南東部のクラトンをひとまとまりにしたのが、コロンビア超大陸なのです。

コロンビア超大陸は約19億年前～17億年前に形成され、約15億年前に分裂が始まったとされています。この超大陸は、現在、地質学者の間でほぼコンセンサスが得られている最古の超大陸です。これより古い超大陸は、小さい陸塊が寄り集まったサイズの小さいものであったでしょうから、コロンビア超大陸が、事実上、“地球史上初”の超大陸と言ってよいかもしれません。

この時代の超大陸は、以前は、ネーナ（あるいはヌーナ）と呼ばれるのが普通でした。しかし、それはコロンビア超大陸の一部ですから、最近では、大方の研究者がコロンビアと呼ぶようになっています。先述のように過去の超大陸が復元されるときには、研究者ごとにパズル合わせができるので、超大陸の“命名権”を巡って熾烈《しれつ》な争いがくりひろげられます。本書では、最近の主流にしたがって、コロンビア超大陸と呼ぶことにします。図4－4、4－5では、コロンビア（ネーナ）超大陸と併記しています。

コロンビア超大陸は、現在の地球のどのあたりに集まっていたのか、つまり、赤道付近にあったのか極付近にあったのか、また、正確にどのような形をしていたのかは定かではありません。

北アメリカ大陸には原生代半ばに活動した巨大な岩脈群が見られます。そのためコロンビア超大陸が形成されていた頃には地球深部から巨大なマントルプルームが上昇したのではないかと言われています。

ロディニア超大陸——“雪玉地球”の犯人？

超大陸が存在するとその周囲には海洋プレートが沈み込むので、海洋プレートの堆積物が超大陸周辺にくっつき大陸棚が生まれます。原生代後期から古生代初期にかけては、堆積した厚い大陸棚が世界各地に分布していることが分かっています。これは、この時代に超大陸が形成されていた可能性を示しているものです。

ホフマン博士は、北アメリカ大陸東岸に分布する12億～10億年前のグレンビル造山帯（大陸同士が衝突してできた造山帯）と類似した岩石からなる造山帯が、南極の一部やオーストラリアにも分布していることを発見し、それらが超大陸形成時に帯状に分布していた可能性があることを発表しました。1991年当時、この研究は、造山帯の分布を糸口に過去の大陸を復元しようとする画期的な研究であり、アメリカの「サイエンス」誌に掲載されました。

ホフマン博士らが復元した超大陸は、「ロディニア超大陸」と呼ばれるようになりました。ロディニアはロシア語で“母なる大地”、“誕生の地”という意味です。ロディニア超大陸は、現在の北アメリカ大陸を主体とするローレンシア大陸が中心にあり、その周囲をその他のクラトンが取り囲んでいました（図４－８）。

ロディニア超大陸は約10億年前までに形成されました。この超大陸の正確な形はまだはっきりと定まっているわけではありませんが、地質学的、古地磁気学的データと、ローレンシア大陸やそれを取り囲むクラトンの配置とを考えると、地球の低緯度領域（赤道付近）を占めていたとされています。

実は、約７億年前と約６億3000万年前は、地球史にとって大事件が起こりました。地球表面全体が凍結してしまうほど地球が寒冷化したのです。この現象を「全地球凍結（スノーボールアース）」と呼びます（図４－４）。この当時の地球を“雪玉”と表現する研究者もいます。

超大陸の形成と全地球凍結の因果関係は諸説あります。最も有力な説は、大陸は海よりも太陽光を反射するため、超大陸が赤道付近に形成されると、地球表層に太陽熱が溜まりにくくなり地球が寒冷化するというものです。すなわ

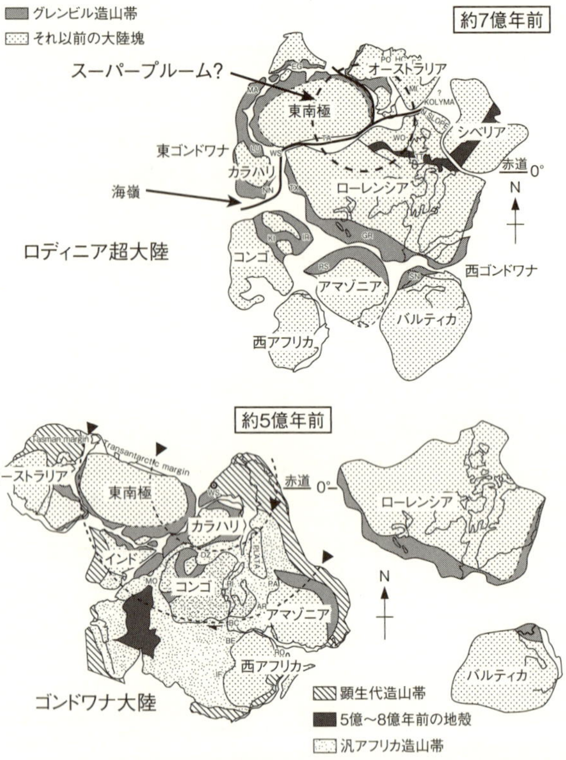

図4－8　ロディニア超大陸の分裂（上）とゴンドワナ大陸の形成（下）（Hoffmann, 1991）

ち、約7億年前と約6億3000万年前の全地球凍結は、地球の赤道を占めていたとされるロディニア超大陸の存在と関係があるのかもしれません。

ちなみに、約23億年前にも全地球凍結の時代があった（約24億～22億年前に2～3回あったとも）とされ、それもやはり、その当時のアークティカ超大陸、もしくは、ケノーランド超大陸の存在が原因だったのかもしれません。

ゴンドワナ大陸――“不完全な”超大陸

ロディニア超大陸は約8億年前から約7億年前にかけて（ホフマン博士によれば約7億6000万年前）分裂したとされています。そして、その分裂は、マントルの大規模な上昇流（現在の南太平洋下にあるスーパープルーム？　第6章参照）によって、大陸地殻が引き伸ばされてリフト帯が形成されたためだと考えられています。スーパープルームによって新しい海嶺と海洋底（現在の太平洋に相当する海）が生まれると同時に、ローレンシア大陸から現在のオーストラリア、南極の一部、インドなどにあたる「東ゴンドワナ大陸」が反時計回りに回転して分離しました。東ゴンドワナは、やがて、アマゾニア（現在の南アメリカ北部）、カラハリ（現在の南アフリカ）、コンゴ、西アフリカなどからなる「西ゴンドワナ大陸」と衝突して汎アフリカ造山帯と呼ばれる新しい造山帯を形成しました（図4－8）。これは約6億年前から約5億年前の頃です。

このとき形成された巨大な大陸は「ゴンドワナ（超）大陸」と呼ばれています。ここで、“超”に括弧をつけたのは、ゴンドワナは、厳密に言えば、ローレンシア、バルティカ、シベリアの各大陸と離れていたので、地球上の全大陸が集まったわけではないからです。また、パンゲア超大陸が形成される途上にある“不完全な”超大陸と位置づけられるので、研究者の間でも超大陸に含めるべきかどうか意見が分かれています。本書では、以後、“超”を付けずに「ゴンドワナ大陸」と呼ぶことにします。

先述のように、ゴンドワナ大陸は、古い海が閉じて形成されたので、前に紹介した超大陸サイクルの2つのパターンのどちらかで言えば、外向パターンのプロセスで形成されたことになります。

パンゲア超大陸の形成

パンゲア超大陸は、約3億年前に、ゴンドワナ大陸（現在のアフリカ、インド、オーストラリア、南極大陸)、ローレンシア大陸（現在の北アメリカ、グリーンランド、ヨーロッパ、アジアの大部分)、バルティカ大陸の3つの大陸が集まることで誕生しました。パンゲア超大陸を南北2つに分けると、北部は「ローラシア大陸」(これまで出てきたローレンシア大陸と異なることに注意)、南部は「ゴンドワナ大陸」と呼ばれます。

パンゲア超大陸が形成される過程で、ゴンドワナ大陸とローレンシア大陸の間にあったイアペタス海、レイク海は縮小していきました。先述のようにパンゲア超大陸は、典型的な内向パターンのプロセスで形成されたことになります。内向パターンの超大陸サイクルは言い換えれば、ウィルソンサイクルですから、図4－1で示したような海洋底の拡大と消滅がまさに地球上で行われたことを意味します。

パンゲア超大陸は「パンサラッサ」と呼ばれる1つの大きな海（超大陸に対して、「超海洋」と呼んでよいかもしれません）で囲まれていました。パンサラッサとはギリシャ語で“すべての海”の意味です。また、ローラシア大陸とゴンドワナ大陸に挟まれた海域は「テチス海」と呼ばれます。テチスとはギリシャ神話に出てくる海の女神、テーテュースに由来します。

パンゲア超大陸の分裂——ホットスポットプルーム？

そのパンゲア超大陸は約２億年前から分裂を開始しました。イギリス南極研究所のブライアン・ストーリー博士は、パンゲア超大陸の南半分のゴンドワナ大陸は３つの大きな段階を経て分裂したという論文を1995年に発表しました（図４－９）。

まず約１億6000万年前に、東ゴンドワナランド（現在の南極、オーストラリア、インドが合体した大陸）と西ゴンドワナランド（現在の南アメリカとアフリカ大陸が合体した大陸）との間に裂け目が生じ、第１段階目の分裂が起こりました。やがて、低地となったリフト帯には海水が流れ込み、その後の海洋底の拡大により、ゴンドワナ大陸は海によって真っ二つに分断されていったのです。

図４－９の★印で示した多くのホットスポットの分布から分かるように、リフト帯が形成されたきっかけはホットスポットプルームだと思われます。つまり、図３－５（上）で紹介した能動的分裂が起こったと考えられます。なぜならホットスポットプルームの活動によって噴出した火山の岩石（洪水玄武岩）の年代を調べると約１億7500万年前後で、アフリカと南極の間の海底の年代は最も古く

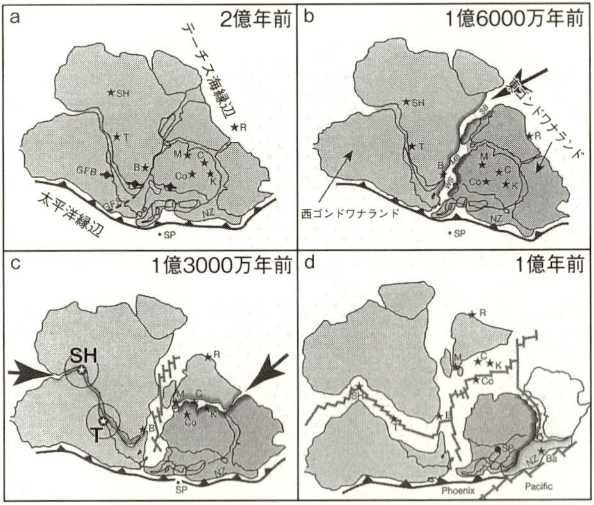

図４－９　パンゲア超大陸の南半分を占めるゴンドワナ大陸の分裂過程（Storey, 1995）
★印はホットスポットの位置。太い矢印は分裂場所

て約１億5000万年前だからです。つまり、まずホットスポットプルームが活動し、その後に、アフリカと南極が分裂したのです。ホットスポットが活動するきっかけになったのは、この頃までに、地球深部に大規模なマントルの上昇流があったということでしょう。

ただ、異なる考え方もできます。ゴンドワナ大陸の南部を囲む沈み込み帯がパンゲアを取り囲む海洋プレートのプレート境界力の影響により後退するとします。そのことによって、ゴンドワナ大陸を引っ張る力が働いた結果、裂け目が起こり、そこを高温のマントルが埋めるように上昇してきたとも考えられます。つまり、図3－5（下）のような受動的分裂が起こったとも考えられるのです。

しかし、いずれのメカニズムにしても、ゴンドワナ大陸にもともと力学的にやわらかい地帯（縫合帯、スーチャーゾーン）があって、そこから優先的に分裂したのだと考えられます。

また、約1億5000万年前頃には、パンゲア超大陸の北半分を構成するローラシア大陸（現在の北アメリカ大陸とユーラシア大陸）もゴンドワナ大陸から分裂し始め、その間に新しい海が誕生しました。ローラシア大陸はやがて、現在のユーラシア大陸と北アメリカ大陸に分かれました。

第2段階として、約1億3000万年前に、南アメリカとアフリカが分裂しました。図4－9の中で“T”と付されている☆印で示したホットスポット（トリスタン・ダ・クーナ）は約1億3000万年前に大量の洪水玄武岩を噴出して、西ゴンドワナランドが分裂するきっかけを作ったとされています。また、“SH”と付されている☆印で示したホットスポット（セントヘレナ）は約1億4500万年前に規模はそれほど大きくないものの、洪水玄武岩を噴出しました。つまり、ホットスポットを繋ぐように分裂したのです。

この第2段階はマントルプルームによる能動的分裂によって起きたと考えられます。なぜなら、アフリカと南アメリカの間の海底は最も古いもので、約1億2700万年前にできたものだからです。つまり、この頃のゴンドワナ大陸ではこれらのホットスポット火山が噴火した後に、アフリカと南アメリカの間の海底拡大が起こったと言えるのです。

また、インドは、約1億3300万年前にオーストラリアから分裂し、約1億2800万〜1億1800万年前に南極から分裂しました。この分裂は、どうも受動的分裂だったようです（ただし、インドと南極の間にいくつかのホットスポットが見られます）。

最後の第3段階として、約1億年前にオーストラリアとニュージーランドが南極から分裂し、やがてテチス海が閉じました。また、マダガスカル島は約8800万年前にインドから分裂しました。いずれの分裂もホットスポットの積極的な活動が関与したとされています。

このように、ゴンドワナ大陸の分裂にはマントルプルームの活動が深く関与してきた一方で、能動的分裂と受動的分裂の両方のメカニズムが連動したものと想像されます。

猛スピードで北上したインド

パンゲア超大陸から分裂した各大陸はやがて現在の地球の大陸分布を形成しました。特に、はじめ南半球にあったインド亜大陸（亜大陸とは他の大陸に比べて小さい大陸という意味）は、ゴンドワナ大陸から分離後、北上を続けました。特に、約5000万〜4000万年前に赤道を越えユーラシア大陸に衝突する直前には、年間約20cmという現在の地球のプレート運動からは考えられないような大きな速度で北上しました。ユーラシア大陸に衝突後も北上を続け、現在のヒマラヤ山脈を形成しました。そのため、ヒマラヤ山脈の頂上付近には、かつてのテチス海の堆積物が押し上げられた地層があり、そこではアンモナイトなどの海の生物の化石が発見されています。

第3章で、大陸プレートといえども、沈み込み帯を持つ場合は高速で移動することがあると説明しましたが、まさにインド亜大陸はこの理由で高速移動したのかもしれません。あるいは、テチス海にあったマントルのコールドプルームによって引っ張られたと考える研究者もいます。

ちなみに、ウェゲナーはインド亜大陸が北上したことは知りませんでした。その証拠に、彼の大陸移動の復元図（図2－3）をみると、約3億年前もインド亜大陸はユーラシア大陸にくっついたままになっています。インド亜大陸は浅海を挟んでユーラシア大陸と一続きになっていたと考えていたようです。インド亜大陸の高速北上が認知されるようになったのは、古地磁気学によって海底の地磁気縞模様が描かれるようになった後のことでした。

大陸移動と気候変動の意外な関係

本章で解説した、地球の歴史における大陸の離合集散は、地球表層の気候変化や動植物の生命の進化にも大きな影響を与えてきたと考えられています。ここで、横道に逸れますが、大陸移動が気候変動に及ぼす影響について重要なことを簡単にふれておきましょう。

超大陸サイクルに伴い、地球上の海底の生産速度が時代とともに変化します。すると、地球内部から二酸化炭素が排出される速度も時代とともに変化するので、大気中の二酸化炭素濃度も変化するでしょう。その結果、超大陸サイクルに準じた気候変動が起き、それは生物の大量絶滅のみならず爆発的進化（たとえば、約５億4000万年前のカンブリア爆発）の一つの原因になる可能性があるのです。

地球の歴史において、これまでに何度か生命の大量絶滅が起きました。史上最大の大量絶滅は約２億5000万年前に起きました。この頃には、約2000万年にわたって海洋生物の化石がほとんど見つからないことが分かっています。このことは、生物の大量絶滅があったことを意味します。

その原因としては、パンゲア超大陸の下に上昇してきたマントルプルームによる火成活動（マグマ活動）の活発化に伴い、大気中が舞い上がった火山灰や塵に覆い尽くされ、長期間にわたって日光が遮られることにより地球が寒冷化したという可能性が指摘されています。

約２億5000万年前、パンゲア超大陸を取り囲む大海であるパンサラッサで約2000万年間にわたって海水の酸素が欠乏したという説が1970年代に提唱されました。この地球の歴史上の“大事件”は、「海洋無酸素事変」と呼ばれています。

この時代の地層の色は、黒色泥岩と呼ばれる生物の遺骸からなる黒い色をしています。通常、海底に降り積もった有機物は、バクテリアなどによって分解されるため、黒い地層はできません。もし、海中に酸素がなければ、バクテリアが存在せず、有機物も分解されないため、海底の地層にそのまま取り残されて黒い地層ができるのです。海中に

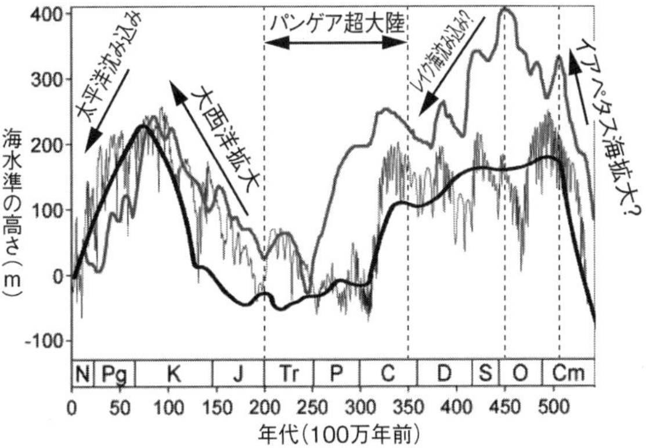

図4－10　5億5000万年前から現在までの海水準（陸地に対する海面の相対的な高さ）の変動

現在の高さを0ｍとしている。それぞれの曲線は、異なる研究者による結果を表す。Turcotte & Schubert（2002）とCondie（2011）の図を元に作成

酸素がなくなる原因として考えられるのは、活発な火山活動により、火山灰や塵によって日光が遮られ、海中生物が光合成できなくなることです。

数億年スケールの気候変動は海水の大循環とも大きく関係します。海水の循環は、大陸配置で変わります。たとえば、パンゲア超大陸分裂以降、北アメリカと南アメリカは分断されていましたが、約300万年前にパナマ地峡が形成され両大陸が陸続きになりました。これにより、海水の循環パターンも大きく変わりました。現在の地球の海洋では、大陸の間を縫うように海水が大循環をしており、海水表層の酸素が深海まで行き届いています。しかし、超大陸が形成されていた時代には、このような海水の大循環が行

われず、海水表層から深海まで十分な酸素が行き渡らなかった可能性があります。全地球規模でみると、海では北極と南極の氷で冷やされた冷たい海水が下降し、赤道付近の温かい海水が上昇することによって大規模循環が行われているのが普通ですが、パンゲア超大陸形成時には、おそらく、地球の気温が上昇することによって極の氷が融けていたのでしょう。そして、海水を循環させていた冷たい水がなくなり、大規模循環がストップしてしまったのではないでしょうか。

大陸移動が海の高さを変える？

地球上のすべてのプレートがどこかで生産され、どこかで消滅している限り、地球の海洋プレートの平均的な年代は変化します。

第１章で、海洋プレートの厚さは海底の年代の平方根に比例して厚くなることは説明しました。もう１つ重要なことは、海洋プレートは厚くなるにしたがい、自身の重みでマントルの中に垂れ下がっていき、水深も海底の年代の平方根に比例して深くなっていくということです。このとき、地球全体の平均的な水深が深くなると、地球全体の平均海水面が下がります。もちろん、超大陸サイクルと平均海水面の変動を関連づけるためには、その期間で大陸と海洋の面積は大きく変化しないという仮定が必要です。

超大陸サイクルと平均海水面の高さの変動には密接な関係があります。図４－10は約５億5000万年前から現在までの平均海水面の高さを表します。

パンゲア超大陸ができ始めて分裂するまでの期間（約３億5000万年前から約２億年前）では、超大陸を取り囲む海洋プレートの年代がどんどん古くなるために、世界規模で水深が下がり、その結果、平均海水面が急激に下がっていることが分かります。

では、過去に遡り、パンゲア超大陸が形成される以前はどうだったか考えてみましょう。

カンブリア紀（約５億4100万年～４億8500万年前）にはゴンドワナ大陸とローレンシア大陸の間のイアペタス海が拡大しましたが、やがて縮小に転じて沈み込んでいきました。若いプレートが拡大するときは、世界平均でみると、水深は浅くなり平均海水面は高くなりますが、そのプレートが沈み込み始めると、一転して水深は深くなり平均海水面は低くなります。図４－10をみると、イアペタス海の拡大に関係すると思われる平均海水面の上昇が顕著です。

一方、約３億5000万年前までには、いったん拡大したレイク海が縮小し、やがて沈み込み始め、その後パンゲア超大陸ができあがりました。図４－10では、レイク海の沈み込みに関係すると思われる平均海水面の低下があるように見えます。

それでは、パンゲア超大陸の分裂から現在まではどうでしょうか？

パンゲア超大陸が分裂を始め、新しい大西洋が誕生するときは若いプレートができるので、再度水深が浅くなり、平均海水面は再び上昇します。後で出てくる１億年前頃の大陸移動の復元図をみると、大陸のかなりの部分が海水に浸かっていることが分かります。

一転して、約8000万年から約7000万年前になると平均海水面が急激に下がり始め、その平均海水面の低下は現在にまで至っています（図4－10）。これは、現在の太平洋プレートの年代がどんどん古くなって沈み込み始めたからです。

海水面の変動は生物の大量絶滅とも関係があります。海水面が低下すると、大陸棚が広範囲に地表に露出するようになり、浅い海に棲んでいた多くの生物種が絶滅に追いやられるからです。約2億5000万年前の生物の大量絶滅は、その頃の急激な海水面の低下にも関係している可能性もあるのです。

このように、マントルの対流運動に伴う地表のプレート運動や大陸移動の移り変わりは、気候変動や海水準変動を介して生命の進化にも間接的に影響を与えるのです。

大陸移動をもう一度振り返る――6億年前から現在の地球の姿

さて、ここでもう一度、大陸移動の歴史を振り返ってみましょう。図4－11は、アメリカ・コロラド台地ジオシステム社のロナルド・ブレイキー博士（北アリゾナ大学名誉教授）が、地質学・古地磁気学・古気候学的証拠、および、化石の分布などにもとづいて、過去6億年前から現在までの大陸移動の様子をモルワイデ図法で作成した古地理図です。6億年前から現在までの大陸配置は異なる研究者が復元してもほとんど同じで、ほぼ正確に復元された古地理図だと思っていただいて結構です。同じ図法で描いて時代順に並べると、それぞれの大陸が地球上をどのように移動したかが一目瞭然です。

まず、6億年前の原生代後期には、ロディニア超大陸から分裂したローレンシア、シベリア、バルティカ、ゴンドワナの各大陸がありました。最も広大なゴンドワナ大陸は東半球と西半球にまたがって存在し、ローレンシア、シベリア、バルティカの各大陸は南半球にありゴンドワナ大陸にほぼ隣接するように存在していました。北半球は現在の太平洋の起源となる広大な海、パンサラッサ（古太平洋）で覆われていました。

次に、5億年前のカンブリア紀中期になると、ローレンシア、バルティカ、ゴンドワナ大陸の間が拡がり、南半球にイアペタス海と呼ばれる新しい海が誕生しました。前に解説したように、6億年前から5億年前に存在していたゴンドワナ大陸は他の大陸と比べて広大ですから、超大陸に分類する研究者もいます。いずれにしても、ゴンドワナ大陸は約5億5000万年頃に分裂したようです。

4億年前のデボン紀前期になると、シベリア大陸、バルティカ大陸が北上し、その過程で、バルティカ大陸はローレンシア大陸と合体しました。この大陸は、現在のユーラシア大陸と北アメリカ大陸の起源となりますので、「ユーラメリカ大陸」と呼ぶ研究者もいます。バルティカ、ローレンシア、ゴンドワナ大陸の間には、レイク海と呼ばれる新しい海ができ、この頃までにイアペタス海は消滅しまし

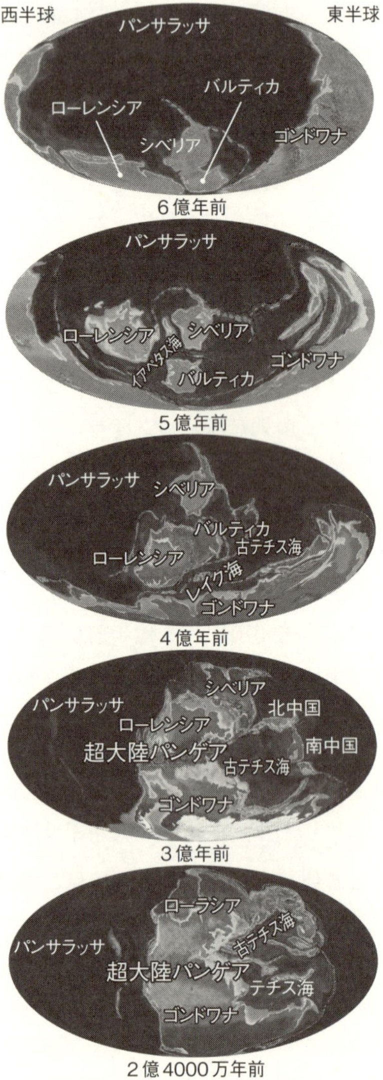

図4－11　6億年前から現在までの大陸移動の様子（ロナルド・ブレイキー博士提供）

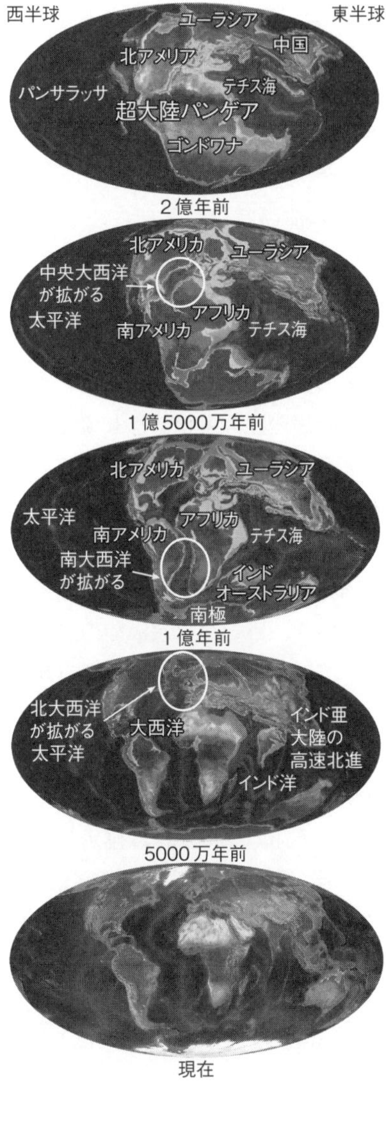
西半球
東半球
ユーラシア
中国
北アメリア
テチス海
パンサラッサ
超大陸パンゲア
ゴンドワナ
2億年前
北アメリカ
ユーラシア
中央大西洋
が拡がる
アフリカ
太平洋
南アメリカ
テチス海
1億5000万年前
北アメリカ
ユーラシア
太平洋
アフリカ
南アメリカ
テチス海
南大西洋
が拡がる
インド
オーストラリア
南極
1億年前
北大西洋
が拡がる
太平洋
大西洋
インド亜
大陸の
高速北進
インド洋
5000万年前
現在

た。現在の北アメリカ大陸の元となっているローレンシアと現在のユーラシア大陸の一部であるバルティカは、後のパンゲア超大陸の分裂に伴い、再度分裂して現在の大西洋に相当する海を作るので、イアペタス海は「古大西洋」とも呼ばれています。

そして、3億年前の石炭紀後期になると、シベリア大陸、ローレンシア大陸はさらに北上し、また、当初東半球と西半球をまたいで存在していたゴンドワナ大陸は南に90°移動して南半球に位置するようになり、南北に延びるパンゲア超大陸の原形ができ始めました。現在の中国大陸の起源となる大陸片の位置もはっきりするようになり、それらとパンゲア超大陸に囲まれた「古テチス海」と呼ばれる内海ができました。古テチス海は約4億年前から出現したと考える研究者もいます。

2億4000万年前の三畳紀中期は、地球上の大陸が最も集まった時代であり、パンゲア超大陸の輪郭もはっきりしています。パンゲア超大陸の北半分はローラシア、南半分はゴンドワナと呼ばれています。内海では、古テチス海と連結する形で新しいテチス海が誕生しました。西半球のほとんどは超海洋と呼ばれるパンサラッサで占められるようになり、現在の太平洋の位置がほぼ確定しました。

パンゲア超大陸は約2億年前から分裂を開始し、1億5000万年前のジュラ紀後期までには、北アメリカ大陸とアフリカ大陸の間の大西洋の中央部分が先に拡大し始めました。また、ゴンドワナ大陸が2つに分割し、東ゴンドワナランド（現在の南極、オーストラリア、インド）と西ゴンドワナランド（現在の南アメリカ、アフリカ）ができました（図4－9）。その間にできた海は現在のインド洋にあたります。

そして、1億年前の白亜紀中期までには、南アメリカ大陸とアフリカ大陸は完全に分断され、南大西洋が拡がり始めました。また、オーストラリア大陸とインド亜大陸が南極大陸から分かれ、インド洋も拡大し始めたのです。インドの北進に伴いテチス海は徐々に縮小されていきます。

5000万年前の古第三紀中期（始新世）までには、北大西洋が拡大するにつれて、現在の六大陸の大陸配置がほぼ完成しました。この頃の最も大きな出来事は、インド亜大陸が最大で年間20cmという猛スピードでユーラシア大陸に衝突し、ヒマラヤ山脈が形成されたことです。これは、約5000万年前から約4000万年前に起こったとされています。広大なインド洋も形成され、太平洋、大西洋とともに現在の三大洋が揃いました。

以上のように、6億年前から現在までの大陸移動の様子を眺めると、地球上に超大陸が誕生することが、偶然なのか、あるいは必然なのか、どちらと感じるかは人それぞれだと思います。もし現在もウェゲナーが生きていたらこの古地理図を見てどう思うでしょうか。自らが90年も前に復元したパンゲア超大陸の形が正しかったことを誇りに思うかもしれません。

未来の地球と超大陸の姿

これまで解説してきた大陸移動の歴史を経て、現在の地球の六大陸の分布が完成しました。それでは、未来の地球ではそれぞれの大陸はどのような運命を辿るのでしょうか？

この問いには、もちろん誰も正確には答えられません。しかし、これまでの地球の“経験”にもとづくと、現在、地球上に分散しているそれぞれの大陸は、約２億～３億年後に再び集まり（すべての大陸が集まるかどうかは分かりませんが）、新しい超大陸が形成されると予測されます（図４－12）。

本章で解説したように、過去の超大陸形成のパターンから考えると、未来の超大陸の形成過程には、外向と内向の２通りのパターンが考えられます。

その１つは太平洋が閉じる外向パターンで、もう１つは大西洋が再び閉じる内向パターンです。あくまで未来のことですので、どちらの説が正しいかについて私たちは知るよしがありません。

前者の説は、現在のプレート運動の速度と方向から想像できます。太平洋が閉じるように北アメリカ大陸はユーラシア大陸に近付き、現在北上しているオーストラリア大陸やアフリカ大陸はユーラシア大陸と衝突し、地中海、黒海、カスピ海は消滅してしまいます。ホフマン博士は、北半球に形成される超大陸を「アメイジア」と名付けました（図４－12の上図）。アメイジアとはアメリカとアジアとを繋げた造語です。また、この超大陸を“新しいパンゲア”という意味で、「ノヴォパンゲア」と呼ぶ研究者もいます。

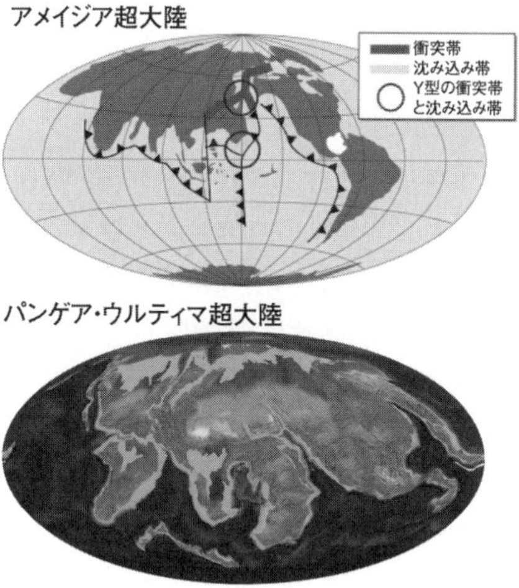

図４－12　未来（２億5000万年後）の超大陸の予想図
（上）アメイジア超大陸（Maruyama et al., 2007）と、（下）パンゲア・ウルティマ超大陸（ロナルド・ブレイキー博士提供）

一方、テキサス大学アーリントン校のクリス・スコテーゼ博士が提唱した“大西洋が再び閉じる”という説は、ウィルソンサイクル（図４－１）に純粋にもとづいた説です。つまり、現在の大西洋はパンゲア超大陸が約２億年前に分裂して誕生したわけですが、これが再び、いずれ閉じるだろうというのが、ウィルソンサイクルの考え方です。このようにして形成される超大陸は「パンゲア・ウルティマ」と呼ばれています（図４－12の下図）。ウルティマとは、“最終的な”という意味です。つまり、いったん分裂したパンゲア超大陸が、最終的に再び超大陸を形成し、ウィルソンサイクルが完結するという意味がこの名前に込められています。

ただし、パンゲア・ウルティマ超大陸の実現には、あるトリックが必要です。

現在の大西洋には、カリブプレートの東側に小アンチル海溝、スコシアプレートの東側に南スコシア海溝という小さな海溝がありますが、太平洋の環太平洋沈み込み帯のような広範囲の沈み込み帯は存在しません。この海溝が将来、南北アメリカ大陸の東岸に広範囲に発達しなければ大西洋が閉じるきっかけができません。現在の大西洋のプレートが次第に古くなり重くなることによって、そのような広範囲の沈み込み帯が発達するような可能性はあります。

最近、2013年に、モナッシュ大学のジョーオ・ドゥアルテ博士が、ポルトガル沖の海底地図を整理し、ユーラシア大陸西端のイベリア半島沖で新しい沈み込み帯が形成しつつあるという報告をしました。もし、そのような海溝が大西洋の沿岸各地に形成され、やがて大規模な沈み込み帯に発達すると、ウィルソンサイクルの考え方にしたがって南北アメリカ大陸は再びアフリカ・ユーラシア大陸に衝突し、パンゲア・ウルティマ超大陸が形成されるかもしれません。

日本列島は沈没するのか？

私は、第７章で解説するマントル対流のコンピューター・シミュレーションの手法を用いて、未来の大陸移動の様子と超大陸の形状を予測してみました。このモデルでは、現在のプレート運動を初期条件として入力しているので、太平洋が閉じるパターンを想定していることになります。すると、オーストラリア大陸やアフリカ大陸が北上してユーラシア大陸に衝突し、図４－12の上図のアメイジアのように北半球に超大陸ができる傾向にあることが分かりました。日本列島もこの超大陸の一部となります。一方、現在海嶺に囲まれている南極大陸はほとんど移動せずこの超大陸に参加しないことが分かりました。

ところで、1973年と2006年に映画にもなった小説家・小松左京氏の小説『日本沈没』をご存知でしょうか？　この小説の影響だと思いますが、一般の方から「日本列島は（いつ）沈没するのか？」という質問をよく受けます。

結論から言うと、日本列島を突然に“沈没”させるような運動エネルギーは地球内部には存在しません。2006年に公開された映画『日本沈没』（1973年の映画のリメイク版）では、日本海溝から沈み込む太平洋プレートが地球の内部に溜まり、それが突然に沈降することによって日本列島が下に引っ張られて沈没するというストーリーでした。しかし、2011年に発生した世界最大級のマグニチュード9.0の東北地方太平洋沖地震においてさえ、日本列島にかかる力は大きく変化したものの“沈没”するまでには至りませんでした。また、仮に映画のようなことが起こるとして、沈没するまでには少なくとも数万年や数十万年以上の時間がかかるので、数年や数十年の間に突然に沈没が起こるということはありません。

現在のプレート運動から推定すると、日本列島は5000万年もしないうちに、ユーラシア大陸の一部となると思われます。

また、1973年の『日本沈没』では、地球中心核（コア）が成長することによってマントル対流のパターンが急激に変化し、その結果、日本海溝が太平洋側に移動することによって日本列島が支えられなくなり沈没するというストーリーでした。コアの大きさが変わるとマントル対流のパターンが変化するというのは流体力学的にはあり得ることですので、科学に忠実な面白いアイデアです。しかし、仮にそのようなことが起きても、やはり、数年や数十年の間に突然に日本列島が沈没するということはありません。

遠い未来、どの場所にどのような形の超大陸が形成されるかは、研究者によって意見が分かれますが、過去の地球の“経験”から数億年後には新しい超大陸が形成されるのはほぼ間違いないでしょう。

第5章

大陸はどのように作られるのか？

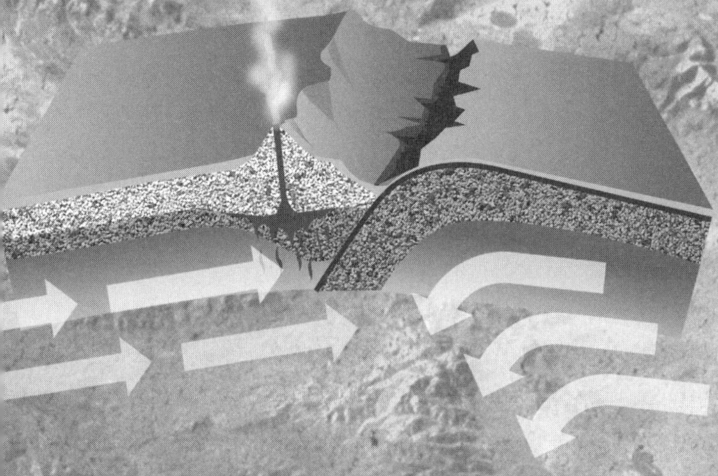

第１章で解説したように、太陽系の地球型惑星の中で、大陸は地球だけに存在します。地球が約46億年前に誕生し、大陸がどのようにして形成されたかをしっかり研究して解明することは、地球の表層のみならず内部がどのようにして現在の姿になったのかを知るための重要な手がかりになりそうです。

せっかく地球人として、この世に生を受けたのですから、私たちはこの謎に挑戦するべきだと言っても過言ではないでしょう。

本章では、大陸がどのように地球上に誕生したのか、また、大陸が地球の歴史を通じてどのように成長してきたのかについて解説しましょう。

冷えた地球と海洋プレートの誕生

大陸地殻というのは簡単に言うと、上部マントルの岩石が火成活動（マグマ活動）によって「化学分化」を起こしてできたものです。化学分化とは、もともと均質であった岩石が、温度・圧力環境の影響による融解（溶融）を経て化学組成の異なる岩石に分かれることです。大陸地殻を作った後の上部マントルは、果物を搾った後の“搾りかす”のようなものです。

地球が約46億年前に誕生した直後は、地球の表面は「マグマオーシャン」と呼ばれるマグマの海でした。原始地球では微惑星の衝突が続き、衝突によって発生した熱は大気や塵に吸収されました。その結果、原始地球の表面の温度は温室効果によって1500℃以上に達しました。このような高温の環境下では、地球表面の岩石がすべて融けてマグマのようになり、地表はまさに“マグマの海”で覆われていたと考えられます。

やがて地表が冷えてマグマが固まると、固い岩石が地球の表層を覆うようになり、約45億年前には、大気中に放出された大量の水蒸気が凝結して雨となって地球の表面に降り注ぎ、海（原始海洋）ができました。

原始海洋ができると、地球の表層は冷やされてさらに固くなりリソスフェアが誕生しました。地球表層がリソスフェアにすべて覆われるとマントル内部に存在する熱が閉じ込められ、マントルが高温になります。するとやがて、その熱を地球の外に逃がすようにリソスフェアはバラバラに破壊されます。そのバラバラになったものが初期の海洋プレートです。おそらく、海洋プレートができ始めると、プレート同士の衝突やすれ違いによって現在のプレートテクトニクスと同じようなことが起こり、地球上のあちこちで海洋プレートの生成や沈み込みが起きるようになったのだと考えられます。

マグマが大陸地殻を生み出す

そして、約40億年前までに、現在の大陸の“種”となる小さな大陸ができはじめました。この頃の地球は、ほとんどが海で覆われ、小さな大陸がポツポツと散在していたのでしょう。

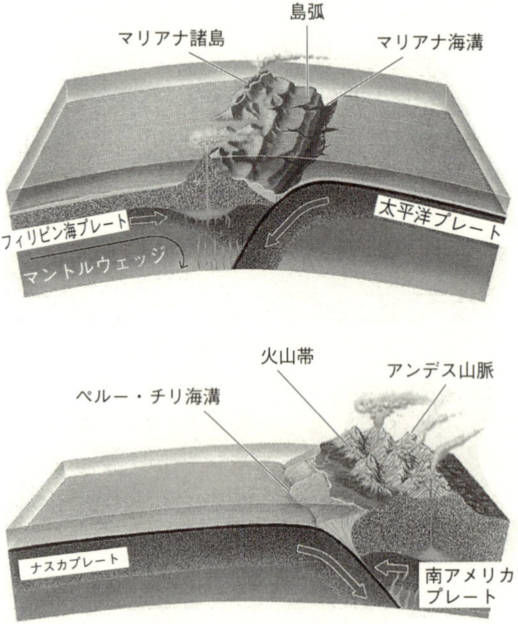

図５－１　（上）海洋プレートに沈み込む海洋プレート。マリアナ海溝の例。（下）大陸プレートに沈み込む海洋プレート。ペルー・チリ海溝の例

Grotzinger & Jordan（2010）にもとづく

現在の地球には、十分に発達したプレートの沈み込み帯があります。沈み込み帯は、そのでき方によって２種類に分かれます。１つは海洋プレート同士が沈み込む場合、もう１つは、大陸プレートの下に海洋プレートが沈み込む場合です（図５－１）。

大陸地殻はプレート境界の沈み込み帯でできます。決して、移動しているプレートの中央では作られません。海洋プレートの沈み込みによって、どのように、大陸地殻が作られるのかを説明していきましょう。

私が高校生の頃の地学の参考書を見てみると、「海洋プレートが沈み込むと、深さ200〜300kmの深さで“ある種の摩擦熱”によって、沈み込まれるプレート（上盤プレート）の下のマントル中に玄武岩質のマグマが形成される」と説明されています。

しかしながら、“ある種の摩擦熱”とは、いったい何なのでしょうか。また、先述の通り、マントル物質が融解して生じるのは、基本的に玄武岩質の岩石です。どのようにして花崗岩や安山岩が生じるのかという疑問も残ります。実は、これらのしくみは、1990年代になるまでよく分かっていませんでした。現在の高校の教科書では、以下のようなプロセスで玄武岩質マグマから流紋岩質（花崗岩質）のマグマが形成されると説明されています。

① 玄武岩質マグマがマグマだまりの中でゆっくり冷えるにつれて鉱物が次々と結晶化し、マグマだまりの下の方に沈積する
② 残ったマグマは化学組成が変化することによって、1つのマグマから結晶作用によっていろいろな化学組成のマグマができる（マグマの結晶分化作用）
③ 最も結晶分化作用が進んだマグマが流紋岩質（花崗岩質）のもので、これがマグマだまりの上に浮かぶ

一方、マグマが上昇する過程で周りの岩石（地殻物質）を取り込み吸収することにより、その化学組成が変化して安山岩質マグマが生成されるということも考えられます（マグマの同化作用）。ところが、近年の研究で、流紋岩質（花崗岩質）マグマが形成されるプロセスはもう少し複雑でダイナミックであることが分かってきました。

また、これまで大陸地殻が環太平洋の沈み込み帯のような十分に発達した所でのみ形成されると考えられてきましたが、そうとも限らないことが明らかになってきたのです。

冷たい海水が熱いマグマを作る？

岩石が融解してマグマが生成されるには、圧力が変わらずに温度が上昇するか、温度が変わらずに圧力が下がるか（減圧融解）のどちらかの条件が欠かせません。

地球内部では、温度があまり変わらずに圧力が低下することで融解します。高温のマントルプルームが上昇してくる場所や、引っ張られたプレートが拡大し、その隙間を埋めるように高温のマントルが上昇してくる場所（海嶺）では、このしくみによってマグマが生成されます。

実は、プレートの沈み込み帯では、地球全体の26％に及ぶ大量のマグマが生成されています。もちろん、沈み込み帯のマントルウェッジでは、沈み込むプレートのすぐ上のマントルも地球深部に沈み込み、その分の質量を埋め合わせるように代わりに深部から高温のマントルが上昇してくるので、減圧融解が起こります。ここで出てきた「マントルウェッジ」とは、沈み込まれるプレート（大陸プレートとは限らず、フィリピン海プレートのように海洋プレートの場合もある）の下でマントル対流が折り返すところを指します。ただ、それだけでは、沈み込み帯における大量のマグマの生成は説明ができません。

そこで、1990年代になると、マグマの生成には、どうも水が関与しているのではないかという研究成果が相次ぎました。

高温高圧の地球内部に「水が？」と思われる読者もいるかもしれません。実は、沈み込み帯で海洋プレートがマントル中に沈み込むことによって、水が地球内部に取り込まれます。その水とはまさに海水です。

プレートの沈み込みによって地球内部に取り込まれた水は、マントルの浅い部分（深さ数十kmから150km）でプレートから放出される一方、「マントル遷移層」（第６章参照）と呼ばれる深さ410kmから660kmの間で多く蓄えられていると考えられます。マントル遷移層で水が多く蓄えられているのは、さらにその奥の下部マントルを構成する岩石はほとんど水を含むことができないからです。

そこで、沈み込み帯の構造についてもう少し詳しくみてみましょう。大陸プレートと海洋プレートがぶつかる沈み込み帯には「火山フロント」と呼ばれる場所があります。火山フロントとは、沈み込み帯に近い火山の列を指します。フロントとは“前線”という意味で、天気予報で出てくる温暖前線や寒冷前線が線で表されるように、ここでは火山の列が作る線を表します。「前弧」とは火山フロントより沈み込み帯に近い場所を指し、「背弧」とは火山フロントより沈み込み帯から遠い場所を指します。

マグマはマントル内で固体であったマントルが融けることでできます。マグマになることで密度が小さくなり、地表へ移動して火成活動（マグマ活動）が生じます。火成活動の大まかなしくみは解明されていますが、マントルが融けてマグマができる過程については、現在もなお完全には解明されていません。

海嶺とは異なり、沈み込み帯では圧力、温度という観点からはマグマができにくいのです。なぜなら、海洋プレートは、沈み込むにつれて圧力が上昇するのに加え、海によって冷やされ続けるために温度が低いからです。ところが実際には火成活動が起こっています。このことから、沈み込み帯でのマグマの生成には圧力、温度の条件を覆すほどに海水が大きな役割を果たしていると考えられるのです。

では、海水は地球内部にどのように取り込まれ、放出されるのでしょうか？

海洋プレートには海洋地殻や堆積物が乗っています。海洋プレートが沈み込むと海水を含んだ海洋地殻（や堆積物の一部）も同時に沈み込みます。また、プレート自身も沈み込む前には海底にあったために大量の水を液体として含んでいます。この水は沈み込む過程でプレートを構成する岩石と反応して別の物質に変化するため、液体としては存在しなくなります。しかしさらにプレートが深くまで沈み込み、圧力や温度が上昇すると、プレートを構成する岩石が分解して液体の水をマントル内に放出します。すると、

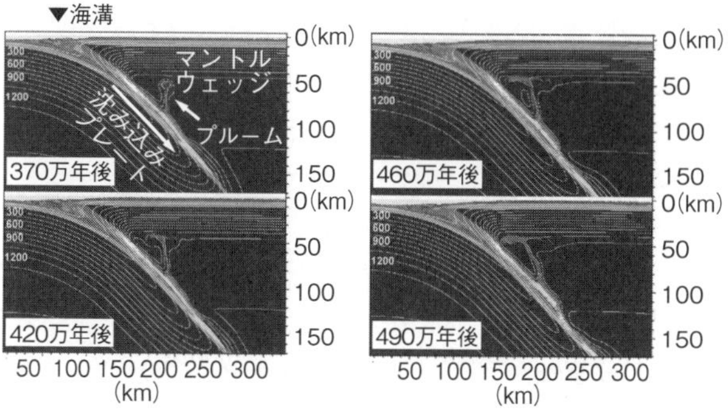

図5－2　沈み込み帯のコンピューター・シミュレーションの一例
(Gerya et al., 2006)

深さ数十kmの場所で海洋地殻が水を放出し始め、上盤プレートの下のマントルに水がしみこみ始めるのです。海水がしみこんだマントルは深さ約150kmになると、高い温度と圧力によって水を放出し始めます。これを「加水融解」といいます。

注意したいのは、海洋地殻が直接水を放出してマグマを作るわけではないのです。沈み込んだ海水がマントルの融点を下げて、マントルウェッジを融かすのです。このとき、マントル全体が融けるのではなく、融けやすい成分から融け始めます。これを「部分溶融」、あるいは「部分融解」といいます。すると、融けたマントル（マグマ）は密度が小さくなるので上昇するようになり、やがて上盤プレートの真下まで到達し、さらには上盤プレート内にマグマだまりを作ります。

最近のマントル対流のコンピューター・シミュレーショ

ンでは、融けたマントルウェッジからマグマが小規模なマントルプルームのように上昇する様子が確認されています(図5－2)。

大陸地殻形成の新仮説

伊豆・ボニン・マリアナ海溝（“ボニン”は小笠原の意味）では、年代が古く重い太平洋プレートが、年代が若く軽いフィリピン海プレートの下に沈み込んでいます（図5－1)。プレートの沈み込みに伴い海水が供給されると、マントルが融けやすくなり、マグマができます。そのマグマは地表へ上昇して海底火山や火山島を作ります。海溝の陸側にできる細長い島々の列は島弧と呼ばれています。島弧には、「大陸性島弧」と「海洋性島弧」があります。大陸性島弧とは、たとえば、日本列島のように約2000万年前からユーラシア大陸から徐々に離れていく一方で、太平洋プレートの沈み込みによって海底上の堆積物が蓄積してできた島々です。一方、海洋性島弧とは、小笠原諸島のように海溝のすぐ下で火成活動によって作られる細長い島々の列です。

1990年代後半以降、東京大学海洋研究所（現在の東京大学大気海洋研究所）や海洋研究開発機構は、海底地震計を用いて伊豆・ボニン・マリアナ弧の地下構造探査を精力的に行いました。その結果によると、この海溝で大陸地殻を作る安山岩や流紋岩（花崗岩）が生まれていることが分かりました。

また、島弧の下で安山岩や花崗岩がどのように形成され

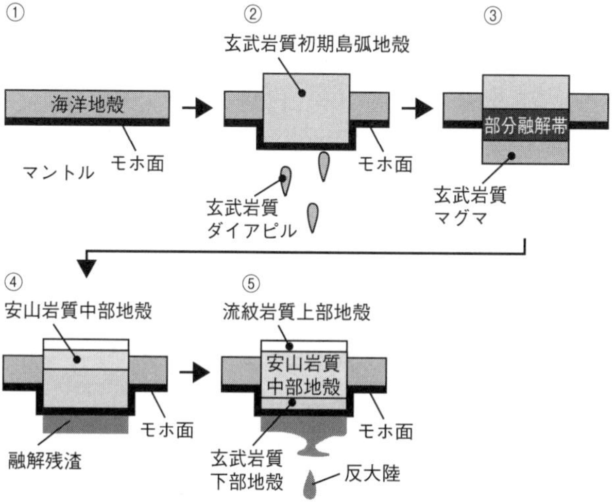

図５－３　大陸地殻形成モデル
Tatsumi et al.（2008）より

るかを知る上で大変重要な構造が見つかりました。それは、地殻とマントルとの境界面（「モホロビチッチ不連続面」、あるいは、略して「モホ面」と呼ばれる）よりも下に、比較的重い岩石層が見つかったことです。これは、島弧ができる過程で、マグマの中の物質が軽い岩石（安山岩や流紋岩、花崗岩）と重い岩石に分離したことを意味します。

では、大陸地殻はどのように形成されるのでしょうか？ここでは、伊豆・ボニン・マリアナ弧の地下構造の解明に関係する研究プロジェクトを牽引している神戸大学の巽好幸博士の大陸地殻形成モデルを紹介しましょう（図５－

3）。以下の①から⑤は時間経過を示しています。

① まず、融けたマントルが固まり、玄武岩質の海洋地殻ができる。このとき、初めて「モホ面」ができる
② 沈み込み帯で、海洋地殻を乗せた海洋プレートが沈み込み、海水がマントルに取り込まれる。その結果、マントルウェッジの融点が下がり、玄武岩質のダイアピル（いわゆるマグマのもと）がマントルウェッジで発生し上昇することによって、新しい玄武岩質の海洋地殻ができる
③ 引き続き、マントルウェッジで発生したダイアピルが、海洋地殻の直下まで続々と上昇し、地殻の底へくっついたり、地殻内へ貫入したりする。このマグマは、地殻の融点よりも高温であるために、地殻の融けやすい成分が選択的に融けていく（部分融解、あるいは部分溶融）
④ 部分融解にともない、二酸化ケイ素の多い液相（メルト）と二酸化ケイ素に乏しい「融解残渣」（融けた後の“搾りかす”）が作られる。メルトは軽いので海洋地殻の上に溜まり、大陸地殻に相当する安山岩質の「中部地殻」や流紋岩質の「上部地殻」を作る。一方、重い融解残渣は海洋地殻の下に溜まる
⑤ 流紋岩質の上部地殻（流紋岩質マグマ）とマントルウェッジから続々と供給される玄武岩質マグマが混合・固結することで、さらに安山岩質の中部地殻が作られる

このモデルの大きなポイントは、マントルで生じた玄武岩マグマが、玄武岩質の地殻の底にくっついて（底付け作用）、その地殻をさらに融解（溶融）させて安山岩質地殻を形成するという点です。

そして、大きなポイントでもある、玄武岩質の海洋地殻からやがては安山岩質の岩石ができる流れを裏付けたのは、精細な地下構造探査によるものでした。

ちなみに④でできた融解残渣は、軽い大陸地殻に対してマントル物質よりも重いために、時間をかけてマントルの深くまで沈んでいくと考えられています。巽博士はこの物質を「反大陸」と名付けました。

反大陸物質、そして海洋プレートとともに沈み込んだ地殻と堆積物はマントルの底に溜まります。その後、マントル上昇流の力をかりて、再び地表に戻ってくることが地球化学分析からわかっています。

西之島から考える大陸の赤ちゃん

誕生したばかりの地球は海洋プレートだけでしたが、やがて海洋プレート同士の沈み込みと、図5－3のような大陸地殻形成の過程を繰り返して小さな大陸が生まれ、その大陸がさらに成長と離合集散を繰り返しながら、やがて現在の大陸のサイズにまで進化してきたのだと考えられます。

伊豆・ボニン・マリアナ弧では、今でも新しい大陸ができはじめています。2013年11月には、小笠原諸島の西之島という無人島の南東約400～500 m付近で海底火山噴火が起きて新しい「島」が誕生し、やがて西之島と“陸続き”になり、どんどん成長していったことが話題になりました。このような新しい島は、活発なマグマ活動が続くと、島の表面がどんどん溶岩に覆われるようになります。それが冷えて固まると、波によって浸食されにくくなります。

西之島では、1973～74年の海底火山噴火でも同様のことが起きていました。数十年間隔で自然に新しい島が誕生するのは、世界的に見ても非常に珍しいことですが、言い換えれば、数十億年という地球の歴史の時間スケールで見れば、頻繁にこのような“大陸の赤ちゃん”が誕生しているわけです。

伊豆・ボニン・マリアナ弧でこれから誕生する新しい大陸は、数百万年から数千万年かけて北上するフィリピン海プレートに乗って、日本列島に近づき、やがて衝突し、もしかしたら日本列島の面積をどんどん拡大させるかもしれません。実際に現在の伊豆半島は、今からおよそ100万年前にフィリピン海プレートに乗って本州に衝突してできたものです。

はじめての大陸

大陸の誕生について説明したところで、最初の大陸にまつわる研究を紹介しましょう。

マントルがより高温であった太古代には、海洋地殻が直接融けていたか、あるいは、海洋地殻が海洋プレートに乗ってマントルに沈み込むとき、高温のマントルウェッジに海洋プレートから水が供給されていたと考えられます。

いずれにしても、海水の存在が安山岩質地殻の生成に関わっていることになります。このことは、海水が存在しない他の地球型惑星や月に大陸地殻が確認されていないことと関係がありそうです。つまり、大陸地殻が誕生するためには海水が必要不可欠だったのです。

これまでは、グリーンランド南西部のイスア地域で発見された約38億年前の堆積岩が、大陸地殻が存在していた最古の証拠であるとされていました。しかし、1989年にはカナダ北西部のアカスタ地域で約39億6000万年前の「アカスタ片麻岩」が見つかりました。これは大陸地殻を構成していた花崗岩の変成岩（温度や圧力の変化で別の岩石になったもの）と考えられます。また最近、2013年には、東京大学などのチームが約39億6000万年以上前に形成されたとされる堆積岩をカナダ北東部で発見しました。つまり、遅くとも約40億年前までには、地球上に大陸地殻が存在していたことになります。また、鉱物では、オーストラリア西部で約44億年前のジルコンとよばれる花崗岩を構成する鉱物が発見されており、大陸地殻の誕生は、40億年前よりもさらに古く、約44億年前（地球誕生から、たった２億年後）まで遡ると考える研究者もいます。

しかし、地球上の鉛鉱床や隕石の年代を、放射性同位体の壊変を利用する方法で測定すると（放射年代測定）、一番古い年代は45.5億年であることが分かりました。特に、隕石は地球が太陽系のなかで誕生したときに同時にできた惑星の欠片ですから、隕石が示す年代は地球の誕生とほぼ同じはずです。それにもかかわらず、地球最古の大陸地殻が形成されたであろう年代（44億年前）と隕石の年代（45.5億年前）に少しの時間差があるのは、大陸地殻の岩石の放射年代はマグマが冷えて固まったときからの時間経過を示しているからです。つまり、２つの年代、45.5億〜44億年前の間は、まだ地球の表面がマグマオーシャンで覆われていたと考えられるのです。

繰り返しますが大陸地殻が誕生するためには海水が必要です。したがって約44億年前には、すでに地球上に海が誕生していたのでしょう。また、海洋プレートの沈み込み、つまり現在の地球で起こっているようなプレート運動かそれに似た地球表層の運動と、それに伴う火成活動（マグマ活動）も遅くとも約40億年前までには地球上で始まっていたのです。

どんどん成長を続ける大陸

大陸の誕生だけでなく“成長”に関しても興味深い研究があります。

図３－７で示したように、世界のほとんどの大陸には、先カンブリア時代に作られたクラトンがあり、これが大陸プレートの“芯”の役割をしています。そして、顕生代になると、付加体（海洋プレートが海溝で大陸プレートの下に沈み込むときに、海洋プレート上の堆積物が剥ぎ取られ大陸プレートにくっついたもの）が成長したり、花崗岩が大規模に貫入したり、別の大陸や島弧が衝突したりしてい

る場所が山脈となって造山帯を形成しました。それらが、クラトンを取り囲むように分布しています。

北アメリカ大陸と南アメリカ大陸に注目してみると、大陸の成長を表すように、縞模様となって大陸地殻の年代が変化しています（図5－4）。大陸地殻はプレートテクトニクスによって常に海洋プレートの沈み込みに侵食され削られると同時に、新しい造山運動によって別の大陸地殻が加わります。そのため、太古代の古い地殻を中心にして新しい時代（原生代、顕生代）の地殻が取り囲むよ

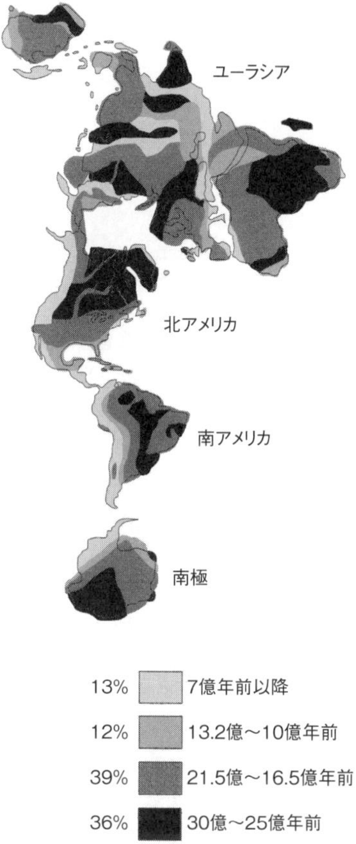

図5－4　北アメリカ、南アメリカ、南極、ユーラシア、アフリカ、オーストラリアの各大陸の地殻の年代分布（Condie, 1998）

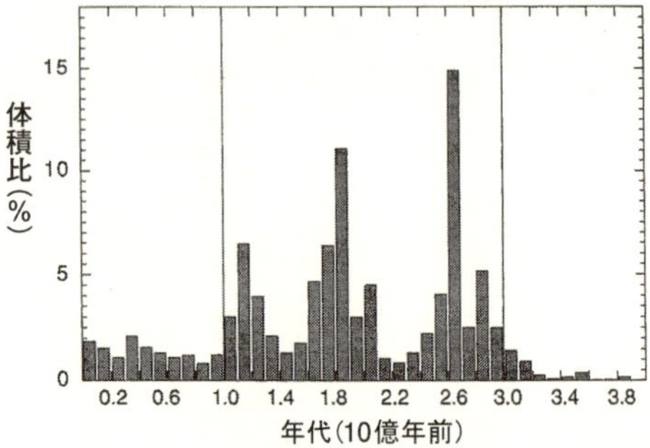

図5－5　大陸地殻の生産量（Condie, 1998）

うになっているのです。

大陸の成長の歴史には興味深い事実があります。大陸は地球の歴史を通して一定の速度で成長したわけではなく、ある時代に急激に増加した形跡があるのです。

世界中の大陸に分布する岩石の年代から、大陸地殻の形成量を推定することができます。ニューメキシコ工科大学のケント・コンディ博士の見積もりによると、大陸地殻の36％が太古代に、約51％が原生代に、残りの13％が顕生代に形成されたことが分かりました（図5－4）。

図5－5は、1億年ごとに積算された大陸地殻の体積が大陸全体の体積に占める割合を示しています。割合が大きいほど各年代の大陸地殻の生産量が多いということです。これをみると、大陸地殻の生産量には、27億年前、19億年前、12億年前に3つの形成年代のピークがあることが分かります。一方、25億～22億年前と、16億～14億年前には生産量が極端に小さくなっています。

27億年前に形成されたとされる大陸地殻は、現在の世界の大陸各地にあります。おそらく、27億年前に、地球のあちこちで何らかの原因によって火成活動が活発になり、大量の溶岩が噴き出したのでしょう。その原因の一つはマントル内部の温度の時間変化にあると考えられます。つまり、それまでのマントルは、全体的に非常に高温であったため小規模なスケールの対流パターンが発達していました。しかし、地球が徐々に冷却するにつれて、マントルの地表面と底面（コア・マントル境界）の温度差が大きくなることで大規模なスケールの対流パターンに変化し、大きな浮力を持つ勢いのあるマントルの上昇プルームができやすい状態になったという説です。

コンディ博士は、図5－5で見られるような急激な大陸成長の原因をマントル対流の大規模な変化と関連づけました。これについては第6章で解説します。

ウランと鉛からみる大陸の歴史

地球は46億年前に集積したときのエネルギーを解放しながら、現在も冷却し続けています。

先に解説したように、地球が誕生した直後は、地球の表面は融解（溶融）した岩石、つまり、マグマオーシャンで覆われていました。やがて、マグマオーシャンが冷却する過程で、密度の小さい岩石からなる大陸地殻が形成され、これがマグマオーシャンに浮遊するようになったのが、大陸地殻の元であったと考えられています。

その後、地球が冷却を続けるにつれ、徐々に大陸地殻が増加したという考えは広く受け入れられています。しかし、大陸地殻が時代とともにどのような速度で増加したのかは、現在でも研究者の間で見解が分かれており、さまざまなモデルが提唱されています。

たとえば、地球が冷却するにつれ、時間とともに徐々に増加してきたとする説や、マグマオーシャン直後に大量の大陸地殻が形成され、その後は、大陸地殻はほとんど増加していないとする説があります。後者の説は、地球史の初期から現在までほとんど同じ体積の大陸が存在し、プレートテクトニクスによる付加（海洋プレートが大陸プレートの下に沈み込むときに、海洋プレート上の堆積物が剝ぎ取られ大陸プレートにくっつく現象）による地殻物質の体積増加と、風化やマントル内への沈み込みによる地殻物質の体積減少が釣り合い、地球の歴史を通じて大陸地殻の体積がほぼ一定に保たれてきたという考えです。

いずれにしても、大陸地殻は地球の歴史を通じて次第に成長してきたことは確かなようです。

各時代の大陸地殻の生産量を知る最も有効な方法として、「ウラン・鉛年代測定法」と呼ばれる手法があります。ウラン・鉛年代測定法とは、天然に存在する放射性元素であるウランが崩壊して、鉛に変化することを利用することで、鉱物がいつ頃形成されたかを調べる手法です。放射性元素は半減期（ある放射性元素が、放射性崩壊によってその内の半分が別の核種に変化するまでにかかる時間）が決まっています。それを利用して、鉱物が形成された年代を知ることができます。

大陸地殻の岩石の中には、ジルコンと呼ばれるウランを豊富に含む鉱物が存在しています。ジルコンは、花崗岩質地殻に多く含まれる微小鉱物ですが、温度や圧力による変質に対して強いので、世界中の河川の河口から採取された堆積物の中に粒子として多く存在しています。いろいろな場所から大陸地殻をサンプルすると、それらに含まれるジルコンはもとの大陸地殻の年代を示すので、ジルコンの量を調べると、各時代の大陸地殻の生産量が分かります。図５－５は、実はジルコンのウラン・鉛年代測定データの年代別の頻度分布を見ています。測定データの頻度が高いということは、この時期に急激に大陸地殻が成長したことを意味します。

大陸は地球の“あく”？

本章で説明したように、大陸は地球史を通じてマントル物質の融解と化学分化により成長してきました。つまり、マントルから見れば、大陸は化学的に独立した存在なのです。

最近、大陸の存在に関して興味深い事実が分かりました。「べき乗則」という物理法則をご存じでしょうか？ある観測量bが、ある観測量aのべき乗に比例（$b = c \times a^{\beta}$、ここで、cとβは定数）する法則です。べき乗則は自然現象によく見られる法則です。

固体地球科学で最も有名なべき乗則は、地震のエネルギー（マグニチュード、M）と地震の発生頻度との関係です。Ｍ８クラスの巨大地震は日本のどこかで10年に１回

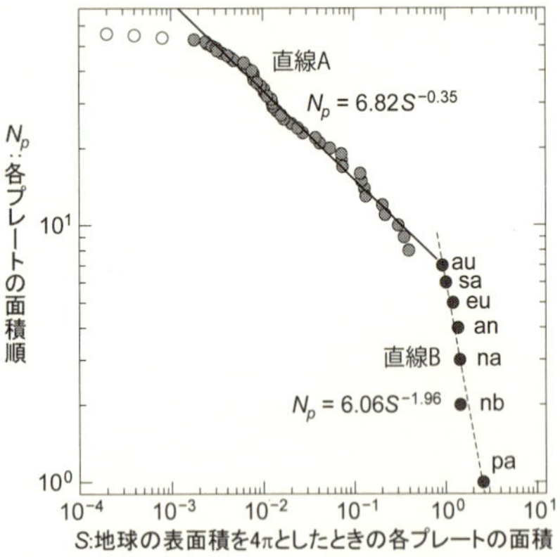

図５－６　プレート面積のべき乗則

直線ＡとＢはべき乗則が成立していることを意味する。paは太平洋プレート、nbはヌビアプレート（アフリカ大陸の大部分を乗せているプレート）、naは北アメリカプレート、anは南極プレート、euはユーラシアプレート、saは南アメリカプレート、auはオーストラリアプレート

程度発生しますが、Ｍ７クラスの大地震は、１年に１回程度、Ｍ６クラスの中地震は１年に10回程度、Ｍ５クラスの小地震は１年に100回程度……、というように、マグニチュードが１小さくなると、地震の発生頻度はほぼ10倍になります。この法則は、発見者の名前にちなんで「グーテンベルク・リヒター則」と呼ばれます。

第１章で、地球上には十数枚のプレートがあることを解説しました。実はこのほかにも「マイクロプレート」と呼ばれる小さいプレートが数多くあります。

2011年に発表された論文では、地球上には、大きなプレートとマイクロプレートをすべて含めると、なんと56枚ものプレートがあることが報告されています。GPS（Global Positioning System、全地球測位網）やVLBI（Very Long Baseline Interferometry、超長基線電波干渉法）といった最新の宇宙測地技術を用いた高精度な人工衛星データの解析から、その56枚のプレートそれぞれが、どんな速度で、どの方向に動いているかまでがはっきり分かっているのです。

図５－６は、横軸に地球の表面積を４πと規格化したときの各プレートの面積（S）、縦軸に各プレートの面積が大きい順に１位から56位まで数字（N_p）を割り当て、それぞれを対数でプロットした図です。このプロットが直線に近付くほど、$b = c \times a^{\beta}$のべき乗則が成立することになります。

驚くべきことに、ほとんどのプレートは２本の直線上（直線ＡとＢ）に乗っていることが分かります。これは、地球上のプレートの大きさがほぼべき乗則にしたがっていることを意味しています。

プレートはリソスフェアが破壊されてバラバラになったものであることは、第１章で解説しました。地表で人が感じる地震は、言い換えれば、数百ｍから数百km以下のスケールのプレートの破壊現象ですが、おそらく、数百kmから数千km以上の大規模スケールのリソスフェアの破壊現象もグーテンベルク・リヒター則と同様にべき乗則にしたがうことを意味しているのでしょうか。

ところでこの２本の直線の存在は何を意味しているのでしょうか？　直線Ｂに乗っているプレートは、面積の大きい順に、太平洋プレート（pa）、ヌビアプレート（nb、アフリカ大陸の大部分を乗せているプレート）、北アメリカプレート（na）、南極プレート（an）、ユーラシアプレート（eu）、南アメリカプレート（sa）、オーストラリアプレート（au）の７つのプレートです。これらのプレートは、その他のプレートと比較して群を抜いて面積が大きく、直線Ａから有意に独立しています。

お気づきの通り、これら７つのプレートは太平洋プレートを除き、すべて大陸プレートです。これらの大陸プレートは大陸を持っているがために、独立したべき乗則をもっていると考えられます。地球上に大陸プレートが存在するために、世界最大のプレートである太平洋プレートは、海洋プレートであるにもかかわらず例外的に大きな面積を持っているのかもしれません。

もし、地球上に大陸が存在せず、すべてのプレートが海洋プレートであれば、おそらくすべてのプレートが１つのべき乗則にしたがうのでしょう。

どうやら、マントル物質の融解と化学分化によってできた大陸は、地球にとって“異質な”存在のようです。たとえが正確かどうか分かりませんが、鍋料理で、鍋つゆの熱対流をマントル対流にたとえると、大陸は余分な“あく”のような存在なのかもしれません。

第6章

マントルはなぜ対流するのか？

いよいよ、「マントルはなぜ対流するのか？」という2つ目の本題に到達しました。

マントル対流は固体地球科学の中でも私が最も得意とする研究対象です。かれこれ20年近く、ほぼ毎日、マントルのことを考えている私も（おそらく、私の大先輩である世界の一流の研究者たちも）、いまだに分からないことがたくさんあります。それだけに、マントルの構造や進化を研究することは非常に有意義であり、日々、新鮮な発見の連続です。

本章では、大陸移動の原動力となり、大陸形成に重要な役割を果たすマントル対流の実態について、みなさんと一緒に考えてみましょう。

固いマントルは“ねばねばした流体”

マントル対流を物理的に説明する上で、最も重要な用語があります。それは、「粘性率」です。学問分野によっては、粘性率は「粘度」とも呼ばれるときがありますが、固体地球科学では、もっぱら粘性率と呼びます。

粘性率とは、簡単に言えば物質の“固さ”を表すものです。物質の変形のしやすさ、言い換えれば、物質の形を変えるのにどれくらいの力が必要かを表す指標となります。粘性率は、パスカル秒（Pa s）という単位で表しますが、本書を読む際にはその値の大きさだけ見ていただければ結構です。つまり、粘性率の値が小さいと水のように“さらさら”、値が大きいと水飴のように“ねばねば”、もっと大きいと岩石のように“ガチガチ”になります。

ガチガチの岩石からなるマントルの平均的な粘性率は、上部マントルでは約10^{21}Pa sになります（図6－1）。

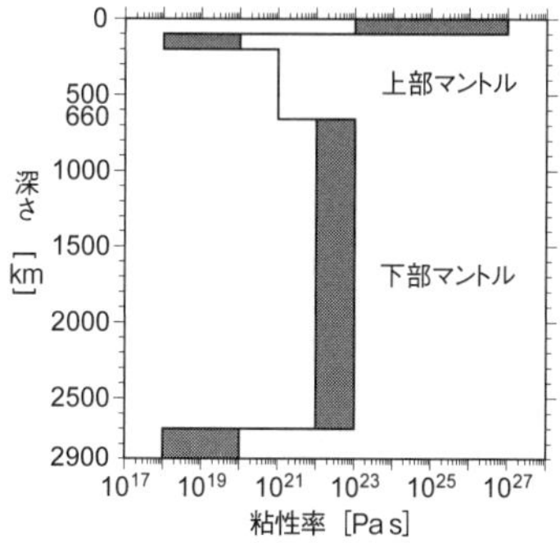

図6－1　粘性率の深さ分布
浅いところから、リソスフェア、アセノスフェア、上部マントル、下部マントル、D”層。グレーで塗った部分は値の不確かさを表す

空気の粘性率が10^{-5}Pa s、水の粘性率が10^{-3}Pa s、マヨネーズの粘性率が10Pa s、水飴の粘性率が10^{3}Pa s、融けたガラスの粘性率が10^{4}Pa s、流体鉄からなる外核の粘性率が10^{-2}Pa sです。この数字だけを見ても、岩石でできたマントルの粘性率が、とてつもなく大きいことが分かっていただけるのではないでしょうか。

下部マントルの粘性率は上部マントルの粘性率の10倍から100倍大きいとされています（図6－1）。リソスフェアの粘性率は、固いプレート内部と比較的やわらかいプレート境界周辺で大きく変わりますが、10^{23}～10^{27}Pa sと非常に固い一方で、そのすぐ下のアセノスフェアの粘性率は、10^{18}～10^{20}Pa sです。リソスフェアとアセノスフェアの平均的な粘性率をそれぞれ、10^{25}Pa s、10^{19}Pa sとすると、それらの粘性率の比は6桁にもなります。海嶺では、アセノスフェアが地表に顔を出しているので、海嶺とプレート内部の粘性率の比もこの程度になります。このように、地球の表層部分は、粘性率が大きく変化する場所なのです。

下部マントルの最下部、コア・マントル境界直上にはD"層（ディーダブルプライム層）と呼ばれる、起伏に富んだ厚さ200km程度の層が存在します。この層は、外核とマントルの間をつなぐ大きな温度勾配をもつ熱境界層であり、下部マントルよりも粘性率が少なくとも２桁以上は小さいと考えられます（図６－１）。

後で解説するように、普通、物質の温度が高くなると、物質の中を伝わる地震波速度は小さくなるのですが、D"層では、なぜか地震波速度が深さとともに急激に増加します。これは、D"層が、外核の溶融鉄とマントルの鉱物が反応しているため、マントルとは異なる化学組成を持っているためと考えられています。

地球はとても効率的な熱機関

第１章で簡単に解説したように、マントルでは「熱対流」という大変効率的な熱輸送の手段で、岩石がゆっくりと上下運動をしています。マントル全体を１つの容器と考えると、マントルは底面（つまり、コア・マントル境界）ではコアからの熱の流入によって加熱され、上面（つまり、地表面）では大気や海水によって冷却されています。マントルは、コア・マントル境界と地表面との大きな温度差（約2500～3500℃、図１－１）によって、冷たい物質が下降し、温かい物質が上昇しています。この重力場における物質の上下運動によって、対流が駆動されるのです。

物質中（流体中）の熱を伝える手段としては、「熱伝導」と「熱対流」があります（「熱輻射《ふくしゃ》」という手段もありますが、ここでは触れません）。熱伝導は物質が移動せずに、物質を構成する原子の振動により高温側から低温側に熱が伝わる現象です。このとき、熱が伝わる速さは物質の種類と温度の勾配に依存します（温度の勾配が大きいほど熱が速く伝わる）。一方、熱対流は、物質自体が移動することにより熱を伝える現象で、熱伝導よりも圧倒的に熱を運ぶ効率がいいのです。現在の地球には、地球原始に蓄えられた熱、また、マントルを構成する岩石中に存在するウラン、トリウム、カリウムなどの放射性元素の壊変による発熱をできるだけ外（宇宙空間）に逃がそうとするシステムがあります。

まず、地球は、マントル対流による内部の物質の上下運動によって熱を効率的に運んでいます。それだけではなく、プレート運動によって、海嶺で誕生したプレートを海溝まで水平方向に移動させることでも、内部の熱を効率的に外に逃がしているのです。大変効率的な熱対流システムを用いているのです。

地球上のそれぞれのプレートが自由に運動するには、プレート境界の存在が必要です。リソスフェアは非常に固いので、マントルの高温の上昇プルームがその直下に到達しても簡単に破壊されて割れることはありません。しかし、先述のように地球表面を覆うリソスフェアは一枚板ではなく、バラバラに分割されています。

仮に地球表面が一枚板に覆われていると、地球内部の熱を逃がす手段は熱伝導のみになり効率が悪くなってしまいます。ところが、リソスフェアがバラバラになりプレート境界が生じることで、プレートが水平方向に運動し、やがて沈み込んでいくというプレートテクトニクスが可能になります。そこで熱を逃がしているとも言えるのです。このように、地球はとても効率的な熱機関なのです。

マントルの熱はどこから？

これまで説明してきたように地球の内部ほど温度が高く、高温の内部から低温の地表へ、熱が流れ出しています。この地表に流れ出る熱量は陸地や海底の地殻に穴を掘って温度計を挿すことで測定されています。これを「地殻熱流量」といいます。では、そもそも地球内部の熱はどこからくるのでしょうか？

図６－２はマントルの熱収支を表します。地球から放出される全熱量は、観測により、43×10^{12}～49×10^{12}ワット（W）程度と推定されています。

ここで、10^{12}Wという単位は非常に大きいので、「テラワット（TW）」という単位を使いましょう。テラとは10^{12}を表す接頭辞です。最近は、パソコンのハードディスク容量を表すときも、テラバイト（TB）という単位が使われるようになっています。そのテラと同じです。つまり、43×10^{12}Wは43TWと書き換えられます。

さて、話を戻しましょう。問題は、地球から放出される

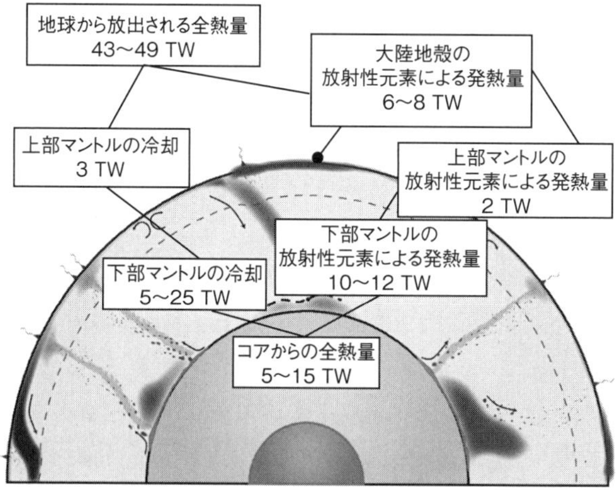

図6－2　マントルの熱収支

全熱量である43～49TWが、どこに由来するかです。その内訳は次の通りです。

① コアからマントルに入ってくる全熱量。これはよく分かっていないが、5～15TWと推定されている

② マントルを構成する岩石に含まれる放射性元素（ウラン、トリウム、カリウム）による発熱量。これは、上部・下部マントル合計して、12～14TWと推定されている。大陸地殻には、大量の放射性元素が濃集しているので、マントルに比べて非常に小さい体積にもかかわらず、6～8TWもの発熱量が存在

③ 地球の冷却によって、マントルから奪われる熱量は、

見積もり方で大きな誤差があるが、8～28TWと推定されている（上部マントルから3TW、下部マントルから5～25TW）

④ このほか、潮汐によって地球の形が変形することによる摩擦熱（潮汐加熱）によって、0.4TWというわずかな熱量が生じている

このうち、②のマントルに含まれる放射性元素の多くは、下部マントル深部の「パイル」と呼ばれる普通のマントルとは異なる化学組成をもつ領域（図1－10参照）に含まれているものと考えられます。なぜなら、海洋地殻や大陸地殻を作ったあとの“搾りかす”であるマントルは、放射性元素をあまり含まないからです。また、パイルは、地球形成時に蓄えられた始原的な重い物質か沈み込んだ海洋地殻がかき集められて溜まったものと考えられるので、多くの放射性元素を含んでいる可能性が高いのです。

さて、地球表面には「ホットスポット」と呼ばれる火山が少なくとも40以上は存在します（図6－3）。第5章でも解説しましたが、これらのホットスポットを作るのは、コア・マントル境界（あるいは深さ660km）から発生するマントルプルームで、「ホットスポットプルーム」と呼ばれます。世界最大のホットスポットプルームは、ハワイ諸島の火山列を作っているハワイホットスポットプルームです。

しかし、ホットスポットプルームが運ぶ熱流量は、すべて足し合わせても、たかだか2～3TWと推定されてい

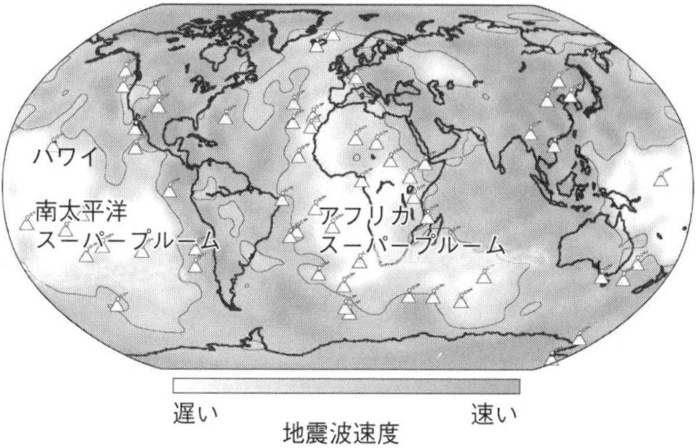

図6－3　地球上のホットスポットの位置（△）とコア・マントル境界上の地震波速度異常の関係

ほとんどのホットスポットは地震波低速度領域の上か、その周囲に存在する

て、地表面から放出される全熱量である43～49TWのたった4～5％程度です。仮に、地球上で観察されるすべてのホットスポットプルームが、コア・マントル境界から発生していると仮定すると、コアからマントルに入ってくる全熱量（5～15TW）のうち、2～3TWはホットスポットプルームの発生に使われますが、残りの大部分の熱量は、コア・マントル境界に溜まっている冷たいマントル（つまり、沈み込んだプレート）を温めるのに使われているものと考えられます。

流体の中の“蜂の巣”

ここまで読んだ読者のみなさんの中には、まだ、固体であるマントルが対流しているということをイメージしにく

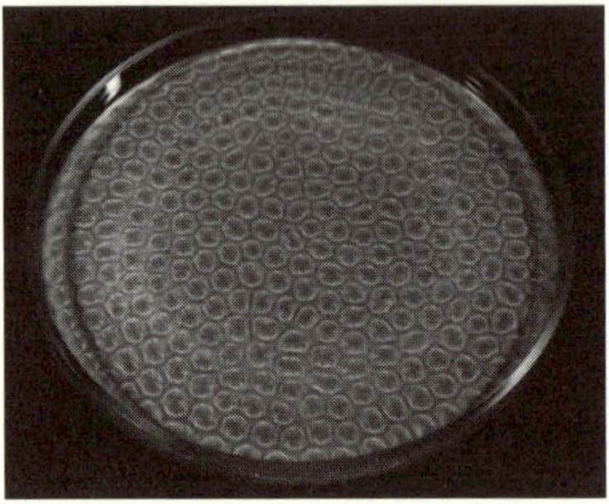

図６－４　シリコーン油を使ったベナール対流
黒い部分が上昇流、白い部分が下降流。出典：『岩波理化学辞典　第５版』（岩波書店）

い方がいるかもしれません。これから、マントルがどのように動いているのかを解説していきましょう。

マントルを構成する岩石は地震波の伝播のような短い時間スケールでは、バネのような「弾性体」として振る舞いますが、マントル対流のような数百万年から数億年の長い時間スケールでは、水飴のような“ねばねばした”流体（粘性流体）として振る舞い、非常にゆっくりと動いています。具体的には、マントル対流の速度はプレート運動と同じかそれよりも大きく、年間数cmから数十cmと考えられています。マントルのように、時間スケールによって弾性体と粘性流体の両方の性質を持ち合わせる物質を「粘弾性体」と呼びます。

マントル対流はよくビーカーや風呂の中の水の熱対流運動にもたとえられます。熱対流運動は私たちの身の回りにも普通に見られる現象なのです。

最も単純な熱対流運動は、フランス人の物理学者アンリ・ベナールによって1900年に発見された「ベナール対流」と呼ばれるものです（図６－４）。水平な薄い容器に

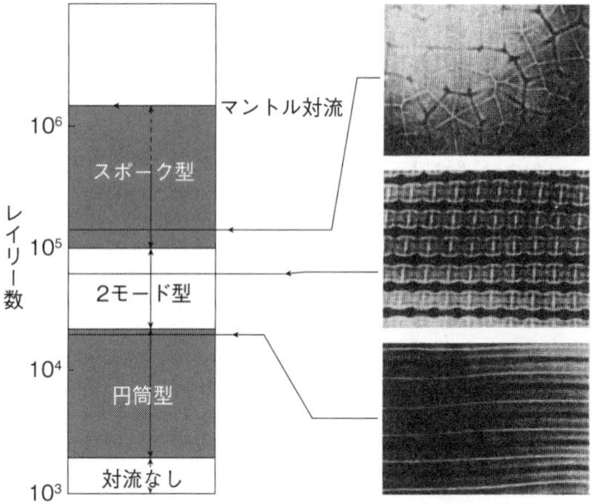

図6－5　レイリー・ベナール対流のいろいろなパターン（上田、1989）

元の図は、Parsons & Richeter（1981）による。明るい（白い）部分は下降流、暗い（黒い）部分は上昇流を表す。レイリー数を上げていくと、ロール型（円筒型）、バイモーダル型（2モード型）、スポーク型に移り変わる

入れた液体（油）を下から熱し、上から冷却するとします。すると、容器の上下の温度勾配が小さければ下から上へ熱伝導で熱が伝わるだけですが、温度勾配がある臨界値を超えると、液層は蜂の巣のような規則正しい六角形の細胞（セル）状の領域に分かれて、中心部では上向き、周辺部では下向きの流れが生じる渦状の対流現象が観察されます。

このように薄い層の中の流体を下側から均一に熱し、上側から均一に冷やしたときに生じる規則正しいセル状の対流構造を、後にベナール対流の理論を構築したイギリスの

物理学者・レイリー卿にちなみ、「レイリー・ベナール対流」と呼びます。

レイリー・ベナール対流での対流の起こりやすさは「レイリー数」と呼ばれる単位を持たないパラメータで表され、層の上側と下側の温度差が大きくなるほど、レイリー数は大きくなります（第７章参照）。

レイリー数を徐々に上げていくと、いろいろな対流のパターンが観察されます（図６－５）。レイリー数が小さい場合には、２次元的な円筒状（ロール状）のパターンですが、さらにレイリー数を上げていくと、バイモーダルと呼ばれる、１つの２次元的なロールと、それに直交する方向のもう１つの２次元的なロールが重なった３次元的なパターンになります。さらにレイリー数をあげると最終的にスポーク状のパターンになります（スポークとは、自転車などの車輪の外側と車軸をつなぐ放射状の部材のこと）。実際の地球のマントルのレイリー数は、10^6を超えるので、マントル対流のパターンは基本的にスポーク状になります。

３種類のマントル対流

しかしながら、マントル対流は、水や油、空気の中で起こるような単純なレイリー・ベナール対流とは少し異なります。私たちの身の回りの流体といくつかの点で違いがあります。以下、箇条書きでまとめます。

①　マントルの形は「球殻」状である。つまり、地球表面

の表面積に比べて、底面（コア・マントル境界）の表面積は小さい

② マントルを構成する岩石中には大量の放射性元素（ウラン、トリウム、カリウムなど）が含まれ、それらの壊変に伴う発熱（内部発熱）がある

③ マントルは岩石でできているため、粘性率が非常に大きい

④ 岩石の粘性率は、温度や圧力、化学組成、鉱物の結晶粒径、水の量などに強く依存し、数桁から、場合によっては10桁以上も変化しうる

⑤ マントルは、深さ（圧力）の増加にしたがい、岩石の結晶構造（相）が変化し、密度が大きくなる

⑥ マントルを構成する岩石の物理的性質が深さ（圧力）の増加によって変わる

⑧ マントルを構成する岩石は温度・圧力の条件によって部分溶融を起こし、次々と化学分化する

⑦ 地球は誕生時から冷え続けているので、熱的に非定常な状態である（マントルの平均温度は下がり続けている）

マントル対流をコンピューター・シミュレーションする際には、これらの要因を考慮するかしないかで、その振る舞いは大きく変わります。その１つを例にとってみましょう。

上の②に挙げた内部発熱の強さの違いは、マントル対流パターンを特に大きく変えます（図６－６)。ここで重要

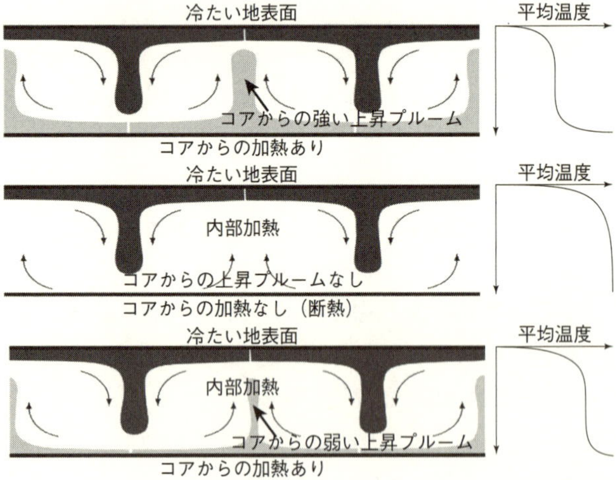

図６－６　マントル対流の３種類のパターン（Kearey et al., 2009）
（上）コアからの加熱のみで内部発熱がない場合、（中央）内部発熱のみでコアからの加熱がない場合、（下）コアからの加熱と内部加熱の両方がある場合

なのは、コアからの加熱量と内部発熱量の関係です。仮にコアからの加熱のみで、内部発熱がない場合（図６－６上）では、コアから発生する上昇プルームと地表面からの下降プルームが同程度の強さになり、対流パターンは対称的になります。

逆にコアからの加熱がなく、内部発熱のみの場合（図６－６中央）では、コア・マントル境界直上の熱境界層が存在しないため、コアからの積極的な上昇プルームは発生せず、地表面からの下降流のみになり、対流パターンは非対称になります。

一方、コアからの加熱と内部発熱の両方がある場合（図6－6下）では、図6－6（上）の場合と比べて、コア・マントル境界直上の熱境界層は薄くなるため、コアからの上昇プルームは弱くなります。このとき、熱境界層の厚さが薄くなるのは内部発熱によりマントルの平均温度が上昇するため、コア・マントル境界とマントルの温度差が小さくなり、熱境界層の厚さが薄くても、コアからの熱をマントルに熱伝導で十分に伝えることができるからです。

実際の地球のマントルでは、コアからの加熱と内部発熱の2つの熱源があるので、図6－6（下）に近い対流パターンになります。

ちなみに、マントルの上昇プルームはそれほど強くない（浮力が大きくない）ため、それが固いプレートの直下に到達してもちょっとやそっとではプレートは割れないのです。現に地球表面の5分の1を占める太平洋プレートも上昇プルームによって大規模に破壊されず、その大きな形を保っています。

地震波トモグラフィーで透視するマントル

私たちは地球内部の構造を直接目で見て確認することはできませんし、室内の流体実験においても実際の地球が再現できるわけではありません。それでは、マントル対流の様子はどのような方法で調べるのでしょうか？　地球内部を“透視する”ためには、第2章で解説したように、地震波の速度を利用する地震波トモグラフィーという手法を用いています。

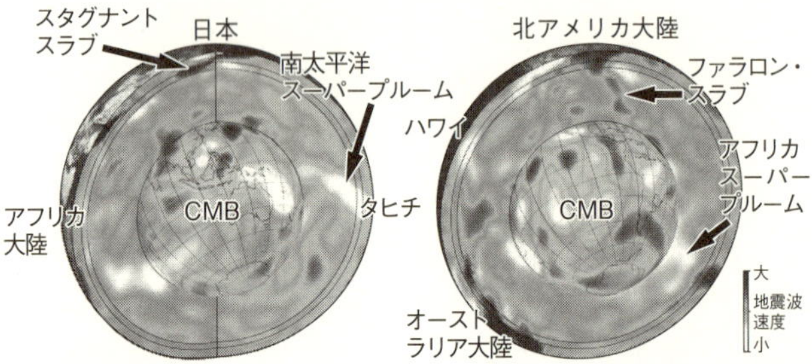

図6－7　地震波トモグラフィーによるマントルの地震波速度異常構造（Zhao, 2013）
（左）南太平洋スーパープルームを横切る断面。（右）アフリカスーパープルームを横切る断面。白色ほど地震波速度が小さく、黒色ほど地震波速度が大きい。CMBはコア・マントル境界

一般に地震波が速く伝わる固い物質は低温の物質、地震波が遅く伝わるやわらかい物質は高温の物質と置き換えられますので、結果的に、地震波トモグラフィーでマントル内部の温度構造が分かるのです（本当は、地震波速度は化学組成の変化にも影響するのですがここでは考えないことにしましょう）。

1990年代に入ると、日本を含む世界のいくつかの研究グループが、マントル全体の地震波速度構造を高解像度で可視化することに成功しました。現在でもこの研究は盛んに行われており、マントルの内部構造を把握する上で必要不可欠な研究です。

地震波トモグラフィーによる解析画像から、環太平洋では、大陸プレートに沿って海洋プレートが沈み込み、マントルの奥深くへ落ちていく様子や、アフリカと南太平洋の

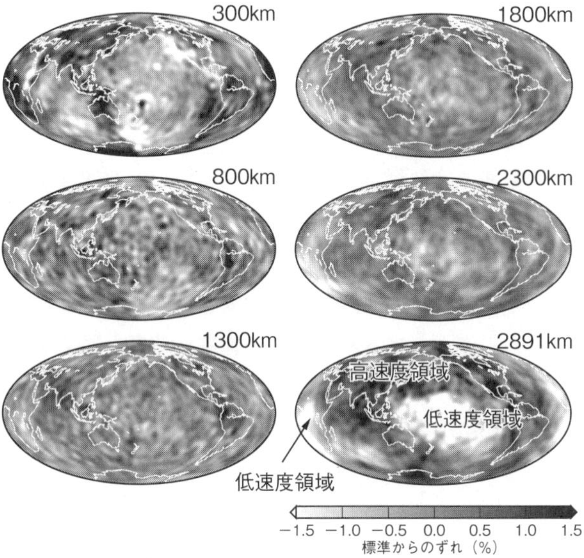

図6－8　地震波トモグラフィーによる各深さの地震波速度異常
白色ほど地震波速度が小さく、黒色ほど地震波速度が大きい。Ritsema et al.（2011）のデータにもとづく

下ではコア・マントル境界から巨大な上昇流が湧き上がっている様子が鮮明になりました（図6－7）。

最近の地震波トモグラフィーによる解析では、巨大な上昇流のほかに、コア・マントル境界から規模の小さい（太さの直径が数百km程度）高温の上昇流が地表面に到達している様子も可視化されています。

地震波トモグラフィーの解析画像は、地震波速度が各深さの平均的な（標準的な）速度からどれくらいずれているかを表している分布図です。第1章で地球を玉ネギにたとえたように、一枚一枚皮を剥くように各深さでの断面をみると、マントル内部の地震波速度変化のパターンがよく分かります（図６－８）。

太平洋プレートやナスカプレートの沈み込み帯などに対応する領域では、マントルの奥深くまで地震波速度が標準よりも速くなっています（図６－８で黒色）。これは冷たい物質がマントルの奥深くまで到達しているということです。一方、その地震波速度変化の大きいところとは対照的に、南太平洋下とアフリカ下では地震波速度が遅くなっています（図６－８で白色）。これは、マントルの下降流に伴う質量の増加を解消するように、マントルを上昇する温かい流れが発生している部分です。

また、図６－８をみると、上部マントル（深さ300km）やコア・マントル境界付近領域（深さ2891km）と比較して、下部マントルのほとんどの領域では地震波速度変化が小さいことが分かります。これは、この領域がマントルの最上部や最下部の領域と比較して、水平方向の熱的（あるいは化学的）な変化が小さいことを示しています。深さ300kmの図で、各大陸の下が明らかに標準よりも高速度になっているのは、冷たくて固いテクトスフェア（第３章）の存在の影響だと考えられます。

マントルの３つの大きな流れ

地震波トモグラフィーによるマントル内部のイメージから、読者のみなさんには、具体的なマントル対流のイメージを理解していただいたと思います。

第2章で解説したように、ヘス博士は、1962年に「マントルの対流セルの上昇域が海嶺になり、対流セルの下降域で海洋底は深部に向かう」という理論を発表しました。しかし、実際の地球では、現在のチリ海溝のように、中央海嶺が海溝に沈み込む場所もあります。マントルの対流パターンは単純なレイリー・ベナール型の対流セルでは説明できません。これは中央海嶺が単なるプレートの裂け目であって、必ずしもマントルの上昇域とは一致しない場合があるからです。

また、ヘス博士の理論の何よりの欠点は、マントル対流のイメージが2次元的であるところです。実際のマントルの海嶺と海溝は、単純にマントル対流セルの上昇域と下降域とは一致しないどころか、マントル対流セルの形自体が3次元的で、複雑なものなのです。

まず、地震波トモグラフィーから分かっていることをまとめましょう。現在の地球のマントル対流は、以下の3つの大きな流れのパターンで特徴付けられます。

① 地球表面から下部マントルまで沈み込む海洋プレート（スラブ）に伴う流れ
② コア・マントル境界（D"層）から発生するスーパープルームに伴う流れ
③ コア・マントル境界（D"層）もしくは上部・下部マントル境界（深さ約660km）で発生する小規模な上昇プルームに伴う流れ

地球表面から沈み込むスラブは、地球の歴史を通じてどんどんコア・マントル境界の上に溜まっていきます。そのため、コア・マントル境界上は「スラブの墓場（スラブ・グレイブヤード）」になっています。

上昇プルームの中でも特に巨大な上昇プルームは、ロードアイランド大学のロジャー・ラーソン博士によって、1991年の論文の中で「スーパープルーム」と名付けられました。現在の地球では2つのスーパープルームが存在します。南太平洋とアフリカの下に存在するスーパープルームです。これらはそれぞれ、「南太平洋スーパープルーム」、「アフリカスーパープルーム」と呼ばれています（図6－7）。

東京工業大学の丸山茂徳博士は、地震波トモグラフィーの解析結果にもとづき、大規模なマントルの上昇・下降運動が、マントル対流のみならず地球表層の運動をも支配して、大陸移動や造山運動などのさまざまな地質現象を起こしていると考え、その学説をプレートテクトニクスならぬ「プルームテクトニクス」と名付けました。1994年に提唱されたこの学説は、今では高校の地学の教科書にも紹介されています。

スーパープルームは本当に存在するのか？

スーパープルームと呼ばれる部分は、実際には、周囲のマントルと化学組成が異なる密度の大きな物質（本章ですでに解説したように、地球形成時に蓄えられた始原的な重い物質か、沈み込んだ海洋地殻がかき集められて溜まったものか）が下部マントルの奥深くに「山」のように積もっていると考えられるので、先述のように「パイル」と呼ばれることもあります。

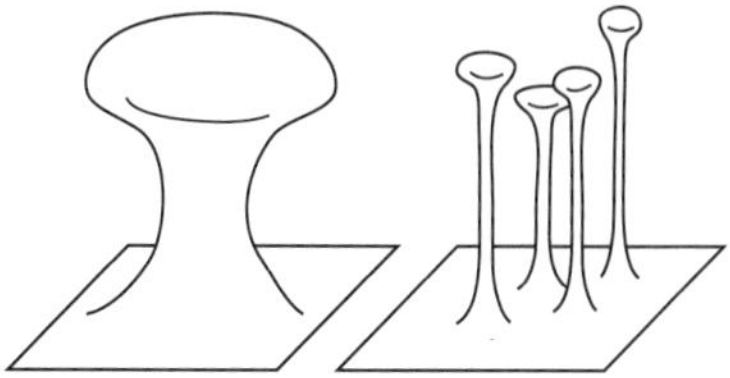

図6－9　スーパープルーム（左）と、プルーム・クラスター（右）

スーパープルームの実態は、私たち固体地球科学の専門家にとっても、一言で答えるのは非常に難しいのです。

その理由は、スーパープルームとされているものは、コア・マントル境界（D”層）に起源をもつたくさんの細い上昇プルームが集中して集まって、それが地震波トモグラフィーの解析画像で１つの大きなプルームとして見えている可能性があるからです。

この考えにもとづいて、スーパープルームの実態を「プルーム・クラスター」（クラスターは“群れ”の意味）と考える研究者もいます（図６－９）。実際に、最近の高解像度の地震波トモグラフィーモデルをよく精査すると、南太平洋下のマントル深部では、複数の上昇プルームが集中して集まっているようにも見えます。

一方、太平洋上のハワイ島や大西洋上のアイスランドを形成している、規模の大きいホットスポットプルームは、それぞれ南太平洋スーパープルームとアフリカスーパープルームから地理的に独立しており、その起源はコア・マントル境界であることにほぼ間違いありません。

現在の地震波トモグラフィーの最高解像度は、水平距離にしてせいぜい数百から1000km程度ですが、今後、地震観測網の充実や解析技術の向上に伴って、さらに高解像度の地震波トモグラフィーモデルが発表されれば、スーパープルームの実態が明らかになってくるはずです。

地震観測点や観測データが少なく、インターネットが普及していなかった一昔前と比較して、現在では、性能の良い地震計が世界中に普及し、観測データもインターネットで世界中の研究者が容易に入手できるようになっています。今後も世界中の研究者がしのぎを削って、マントル内部の詳細な"世界地図"を作成していくことでしょう。

深さ660kmにあるマントルの"壁"

先述のとおり、マントルは、深さ（圧力）の増加にしたがい、岩石中の鉱物の結晶構造（相）が変化します。これを「相転移」、または「相変化」といいます。

上部マントルは主に「かんらん石」という鉱物からなる岩石でできていますが、深さ約410kmで主に「スピネル相」と呼ばれる鉱物からなる岩石、深さ約660kmで主に「ペロブスカイト相」という鉱物からなる岩石に相転移します。ちなみにペロブスカイト相というのは厳密には鉱物の名前ではなく結晶構造の名前ですが、2014年になってようやく国際鉱物学連合から「ブリッジマナイト」と名付けられました。

いずれの深さの「相境界」においても、小さい密度の岩石から大きい密度の岩石に相転移をします。深さ410km

から660kmまでの上部マントルは、このように岩石が次々相転移をするので、「マントル遷移層」とも呼ばれます。

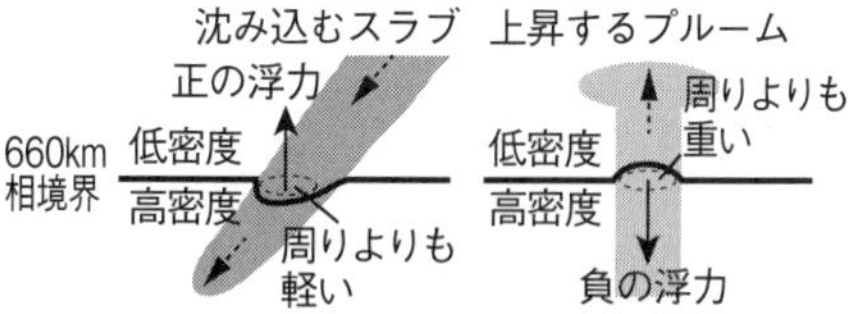

図6－10　660km相境界における沈み込むスラブと上昇するプルームの様子

特に、深さ660kmの相境界は、上部マントルと下部マントルの境界でもあり、マントル対流の振る舞いに大きな影響を及ぼします。この境界を、簡単に「660km相境界」と呼ぶことにしましょう。

相転移の影響の程度は、相境界での温度と圧力の関係で決まり、これを「クラペイロン勾配」と呼びます（単位は$\mathrm{MPa\ K^{-1}}$）。この勾配値が正であるか負であるかによって、マントル対流の振る舞いに正反対の効果を及ぼします。

660km相境界のクラペイロン勾配は負です。このとき、マントルの中を沈み込む低温のプレートは、周囲のマントルよりも遅れて（少し深い場所で）相転移を起こすので、深さ660km付近では周囲のマントルよりも相対的に密度が軽くなり、正の（上向きの）浮力を受けます。その結果、プレートには沈み込みを一時的に妨げる力が働きます（図6－10）。

一方、マントルの中を上昇する高温のプルームは、周囲のマントルよりも遅れて（少し浅い場所で）相転移を起こすので、深さ660km付近では周囲のマントルよりも相対的に密度が重くなり、負の（下向きの）浮力を受けます。その結果、プルームには上昇を一時的に妨げる力が働きます（図6－10）。

つまり、660km相境界は、沈み込むプレートに対しても上昇するプルームに対しても、その運動を一時的に“阻害”する働きをするのです。ちなみに、深さ410kmの相転移のクラペイロン勾配は正であり、それぞれの運動を“促進”する働きをするので、沈み込むプレートや上昇するプルームはその深さでは何の抵抗も受けません。

マントル内部で横たわるプレート

ところで、図6－7をよくみると、日本海からユーラシア大陸東部（中国大陸）の下にかけて、沈み込んだ太平洋プレート（スラブ）が深さ660km付近で横たわっていることが分かるでしょうか。この横たわったスラブは、「スタグナントスラブ（あるいは、停滞スラブ）」と呼ばれます。

660km相境界に溜まったスタグナントスラブは、時間が経過し規模が大きくなると、やがて下部マントルに落下することが分かっています。スタグナントスラブは、1990年代には「メガリス」（“巨大な岩石”の意味）と呼ばれていました。教科書や一般書では、現在でもメガリスという言葉が使われていますが、2000年代に入ってからは、研究者の間では、スタグナントスラブという言葉が一般的になり、メガリスという用語は死語になりつつあります。

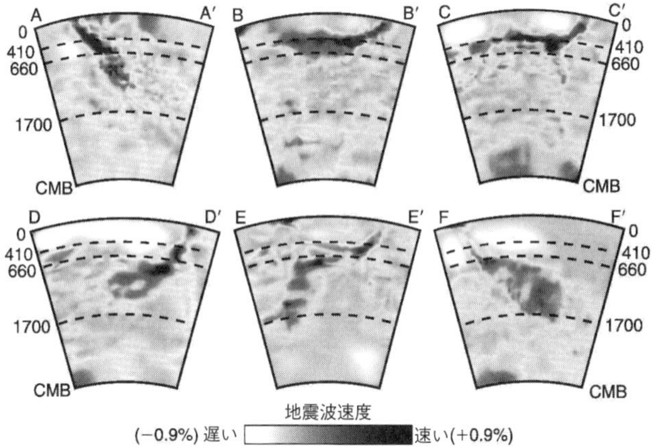

図6－11　地震波トモグラフィーによる、各地域の沈み込むスラブの形態

(Kearey et al., 2009)

A-A'はヘレニック海溝、B-B'は千島海溝、C-C'は伊豆・小笠原海溝、D-D'はジャワ海溝、E-E'はトンガ・ケルマディック海溝、F-F'は中央アメリカ海溝。黒い部分ほど地震波速度が大きい

図6－11のいろいろな沈み込み帯の断面を示した地震波トモグラフィー画像をみてみましょう。先述の中国大陸の下のみならず、世界各地の沈み込み帯でも、スタグナントスラブが観察されています。

この原因の１つとしては、図6－10で解説したように、660km相境界（スピネル相→ペロブスカイト相）が負のクラペイロン勾配を持つためであると考えられます。つまり、沈み込む冷たいプレートの下降が深さ660km付近で一時的に妨げられているのです。

ただ、相転移の効果だけではスタグナントスラブは形成

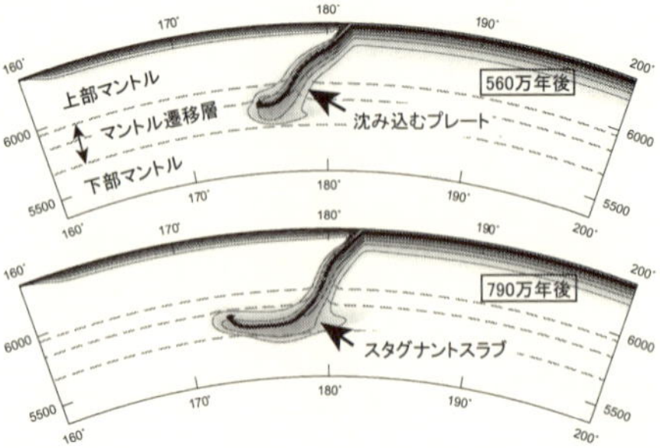

図6－12　コンピューター・シミュレーションで再現されたスタグナントスラブ（Yoshida, 2013b）

されません。なぜなら、沈み込むプレート（リソスフェア）の粘性率はマントルよりも何桁も大きく（図6－1）、プレートが深さ660kmで折れ曲がり、水平方向に横たわるには、下部マントルから何らかの抵抗力が必要だからです。つまり、そのような非常に固いプレートは、相転移があるとしても、ちょっとやそっとでは折れ曲がりません。

そこで、本章の初めで説明したことを思い出して下さい。相転移に伴って、660km相境界を挟んで下部マントルの粘性率が10倍から100倍増加します（図6－1）。このために沈み込むプレートが固い下部マントルに突入しようとするときに下から大きな抵抗を受けた結果深さ660km付近で折れ曲がり、スタグナントスラブが形成されるのです。

ここで注意したいのは、図6－11の地震波トモグラフィー画像はあくまで現在のマントルの“スナップショット”であるということです。

一見、中央アメリカ海溝や南アメリカのペルー海溝で沈み込むスラブは、660km相境界で何の抵抗を受けずに沈み込んでいるように見えます。また、南太平洋のトンガ海溝やケルマディック海溝、インドネシアのジャワ海溝では、スラブが水平方向に横たわったままの状態で、深さ1000km程度の下部マントルまで落下している様子も見られます。これらはまさに、かつて660km相境界で停滞していたスラブが今まさに落下しようとしている途中なのかもしれません。

地震波トモグラフィーでイメージされるようなスタグナントスラブは、私が行っているマントル対流のコンピューター・シミュレーションでも見事に再現され、実際の地球のマントルでたしかにスタグナントスラブが存在しうることが実証されました（図６－12)。

突然向きを変えた太平洋プレート

スタグナントスラブの下部マントルへの崩落は、地球規模でプレート運動の様子を変化させた可能性があります。

太平洋プレートは、約8000万年前からほぼ北に向かって運動していましたが、約4300万年前に突然に、北西方向に向きを変えて運動し始めました。これは、海底地形の地図をみると一目瞭然です（図６－13)。

現在ハワイ諸島を形成している「ハワイホットスポットプルーム」は地球の深部でほぼ固定されていると考えて構いません。そのため、そのプルームの上を太平洋プレート

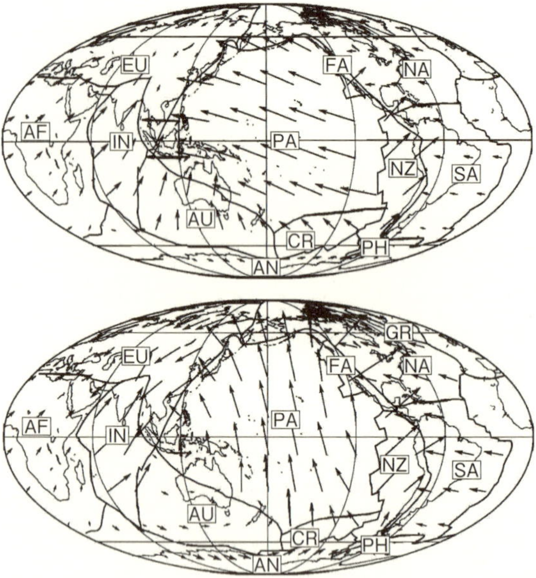

図6－13 （上）4300万年前から2500万年前の間のプレート運動、（下）4800万年前から4300万年前の間のプレート運動（Lithgow-Bertelloni & Richards, 1998）
4300万年前を境に太平洋プレート（PA）の運動方向が大きく変わっている。FAはファラロンプレート、NZはナスカプレート

が移動すると、移動する太平洋プレートの上にポツポツと火山島が形成されていきます（図6－14）。

ハワイホットスポットプルームで形成された年代の古い天皇海山列は、ほぼ北方向に並んでいますが、年代の新しいハワイ諸島は北西方向に並んでいることが、太平洋プレートが約4300万年前に突然に向きを変えた何よりの証拠

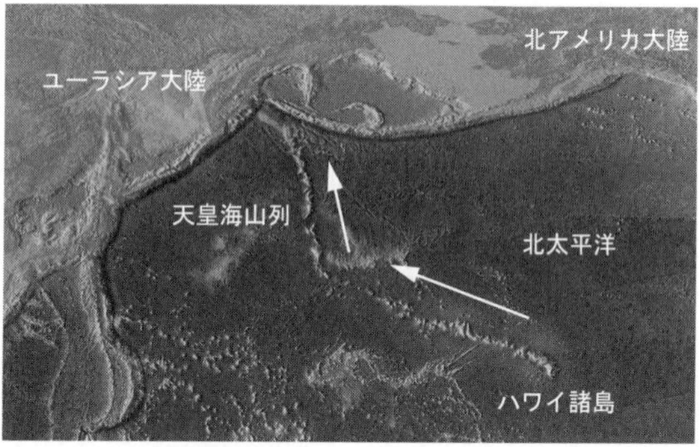

図6－14　ハワイ－天皇海山列
ハワイ諸島から天皇海山列にかけて、火山の列が「く」の字に曲がっている

なのです。

また、この頃には、別々のプレートであったインドプレートとオーストラリアプレートが合体することによって、インド・オーストラリアプレートの運動速度が急増したことが分かっています。また、「ファラロンプレート」と呼ばれる現在の地球上には存在しない“幻”のプレートが南北に分裂したとされ、北側が北アメリカプレートの下に沈み込み（図6－7の「ファラロン・スラブ」）、南側は今のナスカプレートとココスプレートとして残っています（図6－13）。

約5000万年前から4000万年前の時代は、地質学区分で古第三紀の始新世と呼ばれていますので、プレート運動の劇的な変化をもたらしたこれらの出来事は、「始新世プレート大再編」と呼ばれています。第4章で解説したように、インド亜大陸がユーラシア大陸に衝突してヒマラヤ山脈を作ったのもちょうどこの頃です。この出来事と太平洋プレートの急激な運動方向の変化が直接的、あるいは間接的に関係するのかどうかはよく分かっていません。あるとすれば、インド亜大陸を引っ張ったマントルのコールドプルームがマントル深部に突然落下して、全地球的にマントル対流のパターンが変化したのかもしれません。

いずれにせよ、太平洋プレートのような大きく、古くて重いプレートの運動方向は、マントル内部でよほどの劇的な出来事が起こらない限り、短期間で変化することは考えられません。始新世プレート大再編は、マントルのどこかでスタグナントスラブが崩落したことによって、マントル対流パターンが短期間に劇的に変化し、引き起こされたのではないかと考える研究者もいます。

マントルは“壁”を越えてぐるりと回る

660km相境界は、いわばマントルの中に存在する“壁”となっており、そこでは、沈み込むプレートと上昇プルームが抵抗を受け、運動が阻害をされていることを解説しました。この抵抗力が大きい場合、マントル対流の循環は660km相境界で遮られ、「二層対流」になります（図6－15上左）。つまり、上部マントルと下部マントルで熱対流運動が独立している可能性があるのです。一方、沈み込むプレートや上昇プルームが受ける抵抗力が小さい場合、マントル対流は660km相境界であまり遮られることなく、地表面からコア・マントル境界の間で大循環をし「一層対流」になります（図6－15上右）。どちらが正し

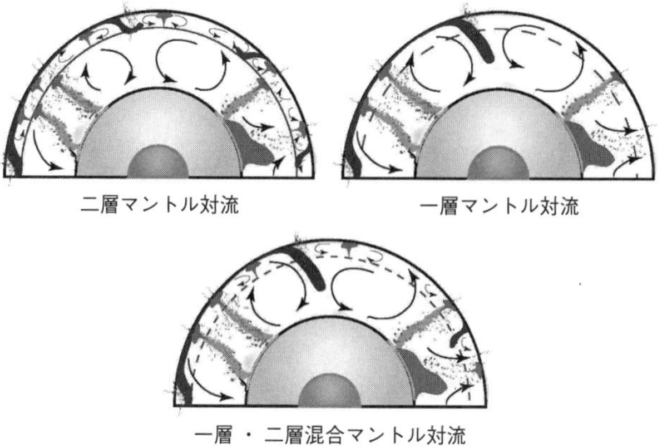

図6－15　二層マントル対流、一層マントル対流、一層・二層混合マントル対流
黒色は沈み込むプレート、薄い灰色は上昇するマントルプルーム、濃い灰色はマントル深部に溜まっているパイル

いのでしょうか？

その答えはすでに図6－7や図6－11の地震波トモグラフィー画像に出ています。高温の上昇プルームも低温の沈み込むプレートも、マントル全体を循環しているように見えます。最近の高解像度の地震波トモグラフィーモデルからも、コア・マントル境界から発生するほとんどすべての上昇プルームが、660km相境界でほとんど抵抗を受ける様子がなく、上部マントルまで上昇していることが明らかになっています。

つまり、現在のマントル対流は、限りなく一層対流に近いと言ってよいでしょう。図6－16は、コンピューター・シミュレーションによって詳しく調べられた、レイリ

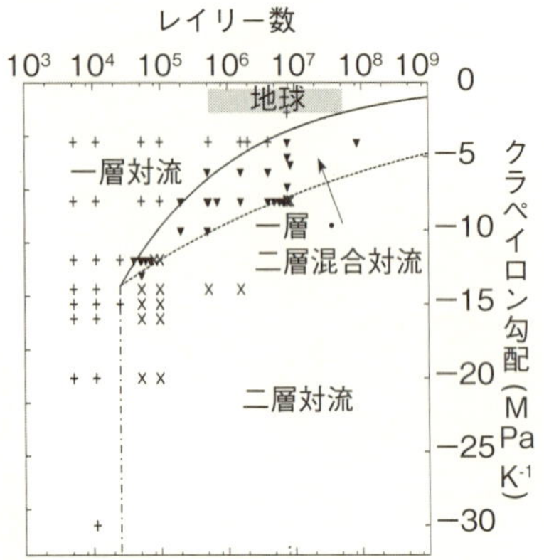

図6－16　レイリー数と660km相境界のクラペイロン勾配の違いによるマントル対流パターンの分類（Wolstencroft & Davies, 2011）

マントルの粘性率が温度などに依存せず一定の場合。＋は一層対流パターン、×は二層対流パターン、▼は一層対流と二層対流が混合するパターン。地球のマントルは一層対流パターンに属する（グレーで塗った部分）

ー数と660km相境界のクラペイロン勾配の値の大きさの組み合わせをさまざまに変えた場合でのマントル対流パターンの違いを示した図です。実際の地球のレイリー数とクラペイロン勾配は、“地球”と書かれたグレーのゾーンに入ります。この結果を見ても、明らかにマントル対流は一層対流なのです。また、このシミュレーションはマントルの粘性率の温度依存性の効果で自発的にできる“固いプレート”がモデルに考慮されていません。それが考慮されると、固いプレートは660km相境界をより容易に突破するので、同じクラペイロン勾配でもより一層対流に近くなります。

ちなみに、マントル内部の放射性元素による発熱量が現在よりも大きかった太古代のマントルでは、マントル対流は二層であったと考える人がいます。なぜなら、流体力学的に、マントル対流は高温であるほど、二層対流になりやすいからです。仮に、マントル対流がある時代に二層対流から一層対流に劇的に変化するようなことがあれば、大量の冷たいスラブがコア・マントル境界に落下することになります。すると、コア・マントル境界付近の冷たいマントルが外核から大量の熱を奪い、結果的に外核の対流パターンが変化する可能性が考えられます。外核の対流が劇的に変化すると、地球磁場の強度にも影響を与えるかもしれません。約27億年前の地球磁場強度の増大（図４－４）は、マントル対流が二層対流から一層対流に変化したことによってもたらされたものと考える研究者がいます。また、太古代のマントル対流は完全な二層対流ではなくても、一層対流と二層対流が時間的に繰り返す「一層・二層混合型（ハイブリッド型）」のマントル対流（図６－15下）が起きていた可能性もあります。

スーパープルーム発生と大陸地殻生産のリズム

さて、第５章で、27億年前、19億年前、12億年前に急激な大陸地殻の成長が見られることに触れました（図５－５）。27億年前については第４章で解説したように、どのような超大陸があったのか混沌としていますが、19億年前と12億年前については、それぞれ、コロンビア超大陸、ロディニア超大陸が完全に形成される直前の時代と合致します。

マントルの温度が今よりも高温であった太古代や原生代は、マントル対流は現在よりもやや活発だったでしょう。そのような環境下では、地球上の海洋プレートは年代が新しく、比較的温かい（軽い）うちに容易にマントルに沈み込みます。すると、前節で紹介したように、形成される途中の超大陸の縁で海洋プレートが積極的に沈み込み、660km相境界に続々と溜まったスラブが、あるとき急激に下部マントルに落下することが考えられます。もしスラブが急激に下部マントルに落下することがあるとすると、それを埋め合わせるように、コア・マントル境界から大規模な上昇流（スーパープルーム）が発生します。コンディ博士は、このような急激なスラブの落下に伴って活発化したスーパープルームの発生とそれに伴うマグマ活動によって、大陸地殻が急激に生産されたと考えました。

つまり、①超大陸形成→②プレートの沈み込み→③スラブの急激な落下→④スーパープルーム発生→⑤大陸地殻の急激な生産、という流れを考えれば、超大陸が形成される直前のタイミングと大陸地殻が急激に生産されるタイミングは一致してもおかしくないのです。

一方、パンゲア超大陸の形成直前には急激な大陸成長が見られません。この頃になると、マントルが現在と変わらない程度まで冷えていたため、沈み込んだスラブが660km相境界を比較的容易に落下できるほどの重さになり、③から⑤のイベントが起こらなかったからだと推定できます。

このように、地球の歴史において、スーパープルームの発生と大陸地殻の生産は因果関係があり、一定のリズムを繰り返してきた可能性があるのです。ただ、この説は決して確定したものではありません。大陸地殻の急激な成長に関しては、今後固体地球科学のいろいろな分野の研究が進展するにつれて新しい説が出てくるでしょう。ぜひそれを期待したいところです。

マントル最下部の新鉱物の発見

マントルを構成する岩石の最も主要な構成鉱物は、深くなるにつれて、かんらん石、スピネル相、ペロブスカイト相と相転移することはすでに解説しました。

最近まで、ペロブスカイト相は、マントルの底まで安定であると考えられてきました。なぜなら、このペロブスカイト型の結晶構造はきわめて稠《ちゅう》密《みつ》な構造であり、ペロブスカイト相の相転移は、実験的にも理論的にもまったく知られていなかったからです。

兵庫県の播磨科学公園都市内に、SPring-8（スプリングエイト）という世界最大の放射光施設があり、超高圧高温状態におけるX線回折測定を行うことができます。X線回折測定とは、実験試料にX線を照射し、その物質の結晶構造を解析することです。

2004年、東京工業大学などの研究チームは、SPring-8を使った解析をし、マントル最下部に相当する高温高圧状態でペロブスカイト相が新しい鉱物に変化することを発見しました。

この研究チームは、レーザー加熱式ダイヤモンドアンビルセル装置と呼ばれる特殊な実験装置を使いました。女性のハイヒールのかかとで足を踏まれると痛いですが、これは全体重が非常に狭い面積に集中しているからです。この原理と同様で、ダイヤモンドアンビルセル装置では、先端を数十ミクロンに削った2つのダイヤモンド製のアンビルによって実験試料を挟んで高圧をかけ、さらに高出力の近赤外線レーザーによって加熱することにより、試料に数百万気圧・数千℃を超える地球深部と同じ超高圧高温状態を発生させることができます。

ちなみに「アンビル」とは、もともと刀などの鍛冶や加工を行うための台（金床）の意味ですが、これが転じて挟んだ試料に高圧力を発生させるための超硬部品（ここでは、ダイヤモンド）を意味します。

ダイヤモンドは光やX線も通すため、強力なX線を放射できるSPring-8を用いれば、実験試料に関する詳細なデータが得られます。この研究チームは、X線回折測定の結果、約125万気圧・2500℃以上においてペロブスカイト相がより密度の大きな構造へ相転移を起こすことを発見したのです。彼らはこの新鉱物を「ポストペロブスカイト相」と名付けました。実験の結果をまとめると、D"層と呼ばれる深さ約2700km以深のマントルは主にポストペロブスカイト相で構成されていることが分かりました。

ちなみに、スピネル相とペロブスカイト相が初めて人工的に合成されたのは、それぞれ1959年と1975年です。ポストペロブスカイト相が発見されるまで、それからさらに30年ほどもかかったことになります。

さらさらした外核の対流

本章の締めくくりとして、地球のさらに深部、つまり、地球中心核（コア）に目を向けてみましょう。

コアの半径は約3480kmです。火星の半径が約3390kmですので、ほぼ同じサイズです。コアの体積は地球全体の体積の約16％です。

コアはそもそも、地球形成直後（46億～45億年前）の原始惑星の衝突（ジャイアント・インパクト）によって、地球が大規模に融け、後に重い鉄が岩石成分から分離して、地球の中心に沈み込んで形成されました。地球が誕生した直後、原始地球のマグマオーシャンの中で、ガスなどの揮発性成分は外側へ、重い鉄はマグマオーシャンの底に溜まり、それより内部の軽い岩石と入れ替わったとされています。やがて地球の中心部には、主に融けた鉄からなるコアができ、その周りを岩石質のマントルが取り囲むような地球の層構造ができあがりました。後で解説するように、地球が冷却するにつれて、地球の中心部分が固化し、固体の鉄合金からなる内核が誕生し、コアは流体鉄からなる外核と内核の２層になったのです。

1926年にアメリカの地震学者であるベノー・グーテンベルクが、地震波のうちＰ波の速度が遅くなり、またＳ波が伝わらなくなる部分が地球内部にあることを発見しました。Ｓ波は液体を伝わらないことから、マントルの下の層である外核が液体の状態であると考えました。このマントルと外核の境界は、現在では「コア・マントル境界」と呼ばれていますが、昔は発見者の名前にちなんで「グーテンベルク不連続面」とも呼ばれていました。

外核の流れは乱流と呼ばれる状態で、流れの時間スケールが短く、空間スケールの細かいたくさんの渦が生じて、非常に流動しやすい性質をもっています。そのため、外核もマントルと同様に、内側（外核・内核境界）と外側（コア・マントル境界）の温度差や、地球そのものの冷却によって熱対流運動が起こっています。しかし、マントルとは異なり、対流によって激しく攪拌され、外側と内側の境界付近を除いて化学的に均一化され、水平方向の組成変化はほとんどないものと考えられます。

外核では、地表で観測される磁場のパターンが西方に移動する速度から、遅くても秒速0.1cm程度（つまり年間約10km）の速さの流れが生じていると推定されます。マントル対流の代表的な速度は年間10cmですので、少なくとも5桁以上、流れが速いのです。

地球の中の巨大な発電機

流体鉄でできている外核は、電気を通しやすい（電気伝導度が大きい）性質を持っています。外核が持つこの性質は、地磁気の生成と深い関わりがあります。

一般に、電気伝導度の大きい物質が磁場の中を動くと、電磁誘導の原理によって電場が生じ、電流が流れます。これは自動車やオートバイなどのエンジンについている発電機（ダイナモ）の原理と同じで、運動エネルギーを電気エネルギーに変えるしくみです。

外核でも同じことが起こっています。すなわち、磁場の中を液体鉄が熱対流運動することで、電磁誘導によって外核内に電流が流れ、新しい磁場が生み出されるのです。こ

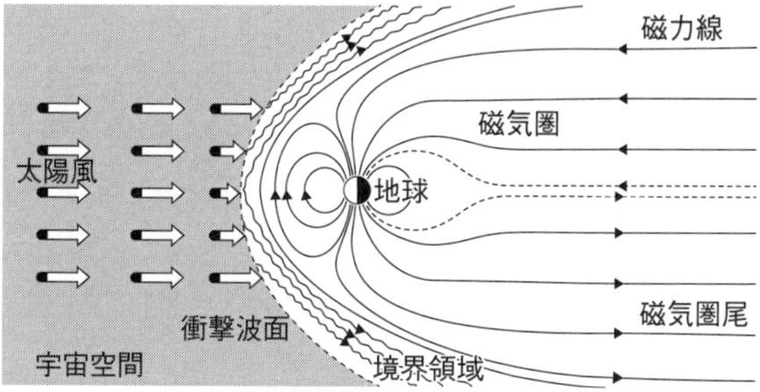

図6－17　地球磁気圏の構造模式図
気象庁地磁気観測所ウェブページ（http://www.kakioka-jma.go.jp/）より改変

のように、「磁場＋対流運動→電流→新しい磁場＋対流運動→電流→……」というフィードバックによって地球の磁場が生成・維持されるしくみのことを、「地球ダイナモ」と呼びます。

ダイナモ機構は、地球と太陽活動の関わりにも関係します。宇宙空間に広がった外核によって生成された地球磁場は、太陽から放出された高エネルギー粒子の流れ（太陽風）や銀河宇宙線などの宇宙線の影響を受け、太陽と逆側に吹き流されたような形をしています。この地球磁場が支配する領域を磁気圏といいますが、地球や私たちはこの磁気圏を持つことで高エネルギー粒子に直接さらされずに守られているのです（図6－17）。地球表面のどこでも方位磁石がおおむね北を向くのは、ダイナモ機構によって地球自体が一つの棒磁石のようになっているからです（図6－18）。この棒磁石が作る磁場を「双極子磁場」といい、自転軸に対し約11°傾いています。

第3章で解説したように地球の磁場は時折、南北に逆転します。最近では、78万年前に地磁気逆転が起きました。過去1億5700万年間でみると、約300回逆転したので、平均すると50万年に一度の割合で地磁気逆転があったことになるのです。

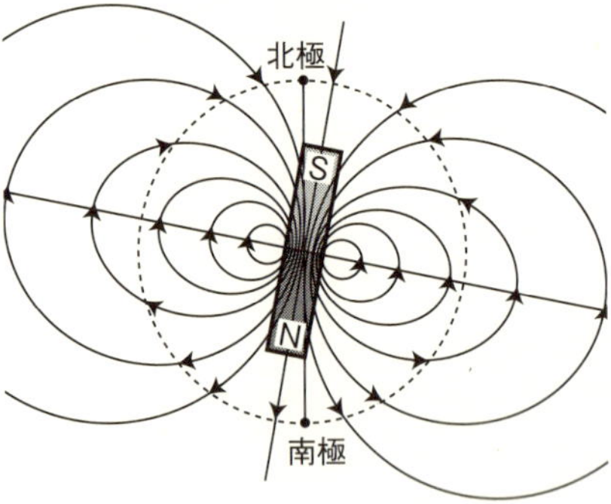

図6－18　双極子磁場
実線は磁力線、点線の円は地表面を表す。双極子磁場は自転軸に対し約11°傾いている

ただ、面白いことに地磁気は一定の時間周期で逆転しているわけではありません。中生代白亜紀の約1億2000万年～8400万年前の約4000万年もの長い期間には、地磁気逆転が起こりませんでした（図3－11）。地球の歴史におけるこの特別な時代は「白亜紀スーパークロン（超磁極期）」と呼ばれます。この頃は、パンゲア超大陸の分裂のきっかけとなった地球内部のマグマ活動が活発になり、大気中の二酸化炭素濃度が現在のおよそ4～10倍にもなり地球が温暖化した時期と合致します。おそらく、この頃には、マントルの大規模な対流運動によって急激に外核から大量の熱が奪わ

れ、外核内の対流が活発になり、その活発な対流運動によって磁場が安定的に強くなったのでしょう。

　このように一見無関係と思われる、外核内の対流運動と大陸の離合集散は密接な関係がある可能性が高いのです。

地球ダイナモのコンピューター・シミュレーション

　地球ダイナモや外核内の対流の振る舞いを理解するために、1990年代半ばからコンピューター・シミュレーションが行われるようになりました。地球ダイナモのコンピューター・シミュレーションでは、流体中の熱と物質の移動現象を扱う物理学である「流体力学」に加え、磁場と電場の関係を扱う物理学である「電磁気学」にもとづく方程式を解いて、流れ場（速度場）と磁場の両方の時間変化をシミュレートします。マントルでは熱対流運動のみですが、外核では電磁流体熱対流と呼ばれる運動が起きています。

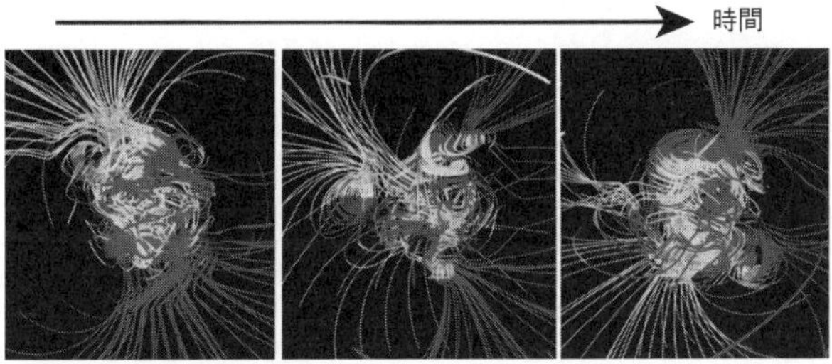

図6－19　地球ダイナモのコンピューター・シミュレーションで再現された双極子磁場の逆転（Glatzmaier & Coe, 2007）
グレーの磁力線はコアに入る向き、白い磁力線はコアから出る向き。左図から右図まで1000年が過ぎている

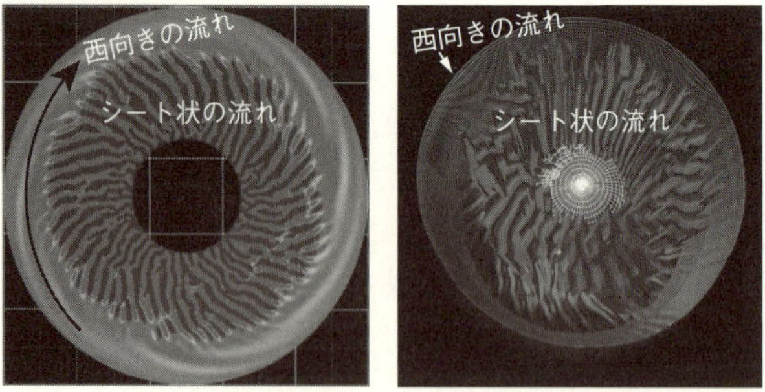

図6－20　地球ダイナモのコンピューター・シミュレーションで再現された外核内の二層対流構造（Miyagoshi et al., 2010）
左図は赤道断面。右図は北極から見た図

しかし、マントル対流のような、ゆっくりとした層流の流れと違い、外核内の乱流をコンピューターで再現するのは、現在のスーパーコンピューターの性能をもってしても不可能で、粘性率を実際の地球の外核の粘性率よりも、かなり高く設定して対流を“おとなしく”させるしかありません。それにもかかわらず、地球とよく似た双極子磁場の生成や、双極子の磁極の逆転などが再現されています（図6－19）。

2010年、海洋研究開発機構などの研究チームは、実際の地球の外核の環境にできるだけ近づけた高解像度の地球ダイナモのコンピューター・シミュレーションを行いました。その結果、これまでたくさんの円柱状の渦の集まりになると考えられていた外核の対流構造は、実はカーテンのように薄いシート状であることが明らかになりました（図6－20）。

さらに、外核の対流構造はここで分かったシート状の形をしたものだけでなく、2種類の流れのパターンからなる二層対流構造を形成していました。内核に近い領域では、動径方向（深さ方向）の流れ成分が卓越し、細い上昇流と下降流が交互に並ぶ空間スケールの小さいシート状の流れが形成されています。一方、マントルに近い領域では、経度方向の流れ成分が卓越し、西向きの帯状の流れが形成されることが分かったのです。また、内核に近い領域では、マントルに近い領域と比較して、スケールの小さい流れが支配的であり、流れの速度が大きく、強いダイナモ作用が生じることも判明しました。

ただし、地磁気が逆転するメカニズムは、いまだ完全には分かっていません。外核内の渦の流れがある時期に突然逆転するために地磁気が逆転するのだという説もあります。また、外核内の流れの自発的な逆転が地磁気逆転の原因になっていると考える研究者もいます。地磁気逆転のメカニズムの解明は、今後の固体地球科学における重要な研究テーマのひとつです。

今後、スーパーコンピューターの性能が向上することにより、より現実に近い環境でのシミュレーションが行われるようになると、さらに新しい事実が明らかになってくるかもしれません。

成長と回転を続ける内核

外核の内側、地球の最中心部には、内核と呼ばれる固体の領域が存在します。内核の半径は、約1222kmです。これは月の半径（約1740km）よりも小さく、冥王星の半径（約1200km）とほぼ同じサイズです。内核の体積は、コアの体積の約4.3％、また、地球全体の体積のたった約0.7％に過ぎません。固体の内核は外核に比べて高い粘性率を持ちますが、マントルに比べると、その粘性率は３桁程度小さく（約10^{18}Pa s程度）、より流動しやすい性質を持っています。内核も非常に興味深い存在です。

1936年にデンマークの女性地震学者であるインゲ・レーマンは、地震波の解析によって、コアが内核と外核の２層になっていることを突き止めました。内核と外核の境界は、発見者の名前にちなんでレーマン不連続面とも呼ばれています。

内核は、地球が冷却するにつれて、地球の中心部分が固化し、固体の鉄合金ができ誕生しました。軽元素（シリコン、酸素、硫黄、炭素、水素などの鉄よりも質量数が軽い元素）は普通、固体の相よりも液体の相に取り込まれるため、鉄・ニッケル合金が固化する際には、それらの軽元素が液相である外核に放出される一方、鉄合金は固体の相である内核に沈殿します。この軽元素と鉄合金が分離するときに解放される重力エネルギーは、外核内の対流の運動エネルギーに変換され、ダイナモ機構が生成・維持されるためのエネルギー源になっていると考えられます。

外核からマントルに多くの熱が奪われ、外核が冷却されるほど、内核は固化しやすくなり、サイズが成長していきます。現在も地球全体は冷え続けていますので、内核のサイズは現在もなお成長し続けています。そのため、いずれはコア全体が固化するものと考えられています。

シカゴ大学のブライアン・バフェット博士が行った理論計算によると、外核からマントルへの熱流量が２TWのとき、内核が現在のサイズに成長するまでに約45億年（ほぼ地球の年齢）かかりますが、６TWだと約20億年、10TWだと10億年で済むことが分かりました。つまり、外核からマントルへ逃げる熱が多いほど、内核は早く冷却され、結果的に早く固まるということです。

図６－２によると、コアからマントルへの熱流量は５～15TWでした。そこから、内核が誕生したのは、早くて20億年前頃だと推定できます。しかし、バフェット博士の理論計算では、外核の熱流量が地球史を通じて一定であるとしているなど単純な仮定にもとづいているため、実際のところ、内核がいつ誕生したのかはいまだ定かではありません。

もう１つの惑星

内核の運動は、いまだベールに覆われてたくさんの謎がありますが、内核を伝わる地震波の到達時間の解析から２つの興味深い学説が提唱されています。１つは、内核は１年に0.3～0.5°という速度でマントル（つまり固体地球）よりも速く回転している可能性があることが分かったというものです。これは単純に計算すると、約1000年でマントルよりも１周多く回ることになります。これは内核の「超回転」と呼ばれています。このように、内核は地球の自転と独立して回転している可能性がありますので、“もう１つの惑星”と呼ぶ研究者もいます。

もう１つの学説は、内核は方向によって地震波の伝わり方に違いがあるということです。南北方向（地軸方向）を伝わる地震波（Ｐ波）の速度は赤道面内を伝わるＰ波よりも２～３％程度速いことが知られています。この原因としては内核を構成する物質（固体鉄）中の鉱物の結晶が、同じ方向にならんでいるためと考えられています。これを「地震波速度の異方性」といいます。また、南北方向に伝わる地震波速度が速いという異方性の程度は、大西洋を中心とする“西半球”では大きく、西太平洋を中心とする“東半球”では小さいという研究例もあり、これは内核の構造が球対称構造ではなく半球構造であることを意味します。

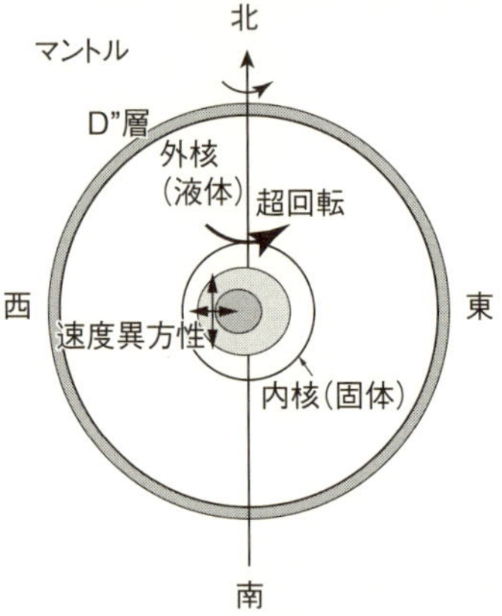

図６－21　内核の構造と性質
Souriau（2007）にもとづく

以上のような内核の構造や性質（図６－21）は地震波速度の解析から推定されています。しかし、現在の地震学的観測にもとづく地震波速度の決定精度は、これらの結論を出すにはまだまだ不十分です。また、岩石の高温高圧実験など、他の固体地球科学の手法からも内核を構成する物質の結晶構造や性質を完全に明らかにするには至っていません。

内核の成長が外核の対流運動やダイナモ作用、地球磁場の強度にどのような影響を与えてきたか、また、マントル対流パターンの変化や、それに伴う火成活動やプレートテクトニクス、さらには、大陸の離合集散パターンや大陸地殻の生成にどのような影響を及ぼしてきたかは、固体地球科学のすべての学問分野が結集して解決しなければいけない、壮大な研究課題なのです。

第7章

シミュレーションが大陸移動と
マントル対流の謎を解き明かす

ここまで読まれた読者のみなさんには、地球がいかにダイナミックでユニークな惑星であるかを理解していただけたと思います。

私がマントル対流のコンピューター・シミュレーションを始めた1990年代後半の頃は、まだ、世界中を見渡しても同じ研究をしている研究グループは少なく、ましてや、3次元モデルを用いてシミュレーションをしている研究者は両手で数えられるほどしかいませんでした。

しかし今や、その研究者の数は増加し、互いにしのぎを削って研究を進めています。コンピューター・シミュレーションは、本書の2つの本題を解決するための最後の砦ともなっています。

本章では、コンピューター・シミュレーションの手法を使って、大陸移動とマントル対流の謎に迫りましょう。

第4の科学——コンピューター・シミュレーション

第6章で解説したような、マントルの構造や対流運動のメカニズムを研究する学問を、私たちは「マントルダイナミクス」と呼びます。「ダイナミクス」という言葉を日本語に訳せば「動力学」、つまり、運動する物体の原動力を研究する学問のことです。

1990年代前半から、コンピューター・シミュレーションでマントル対流を再現する研究が盛んに行われてきました。こうして本書を執筆している現在でも、私たち日本人を含む世界中の研究者がしのぎを削って、マントル内部や地球表層で起こっている、さまざまな物理現象や地質現象のメカニズムを解明する研究に取り組んでいます。

今日の固体地球科学においても、コンピューターの計算処理速度の急速な上昇とともに、コンピューター・シミュレーションは、最も先進的な研究手法として定着しています。コンピューター・シミュレーションは、「理論」（研究対象となる現象を紙とペンのみを使って研究する手法）、「実験」（研究対象となる物質、あるいはそれに代わる物質を直接使って研究する手法）、「観測」（研究対象となる物質を、直接手を触れずに観察する手法）に次ぐ“第４の科学”と呼んでもいいかもしれません。

コンピューター・シミュレーションによって地球で起こっているすべての自然現象が本当に解決できるのでしょうか？

私たちの身の回りで起こる自然現象はすべて方程式で表すことができます。この方程式を、コンピューターが読める言語に人間が翻訳し、コンピューターにその方程式を解かせることがコンピューター・シミュレーションです。

固体地球科学の世界でシミュレーションと言えば、ほとんどの場合、コンピューター・シミュレーションと誰もが想像します。本書でもこれから紹介する「シミュレーション」とは、コンピューター・シミュレーションのことを指します。

私たちの普段の生活でも、実は「シミュレーション」は大活躍しています。「明日は、どこそこで何時に誰と待ち合わせして、何時から映画を見て、そのあと、何時から食事をして……」と、あらかじめ頭の中で計画を立てることも立派な「シミュレーション」です。ただ、このような、明日の計画をシミュレートするだけであれば、コンピューターは必要ありません。

人間の脳の処理速度には限界があります。気象や地震、津波などさまざまな自然現象を予測するためだけではなく、たとえば、大震災が起こった場合に、被災地の人間がどのような行動を起こし、車がどこで渋滞するか、また、金融恐慌が起こった場合に、世の中でお金や物資がどのように動くかなど、大勢の人間の行動に由来する現象を予測するためには、どうしてもコンピューターが必要となってくるのです。

シミュレーションとは何か？

現在、スーパーコンピューターは、神戸市の理化学研究所に設置されている「京《けい》」を筆頭に、多くの大学や企業などに設置されています。自然科学の基礎研究の発展のみならず、気象、地震、津波といった自然災害のシミュレーションなど、私たちの生活に直結する防災研究の発展にも一役買っています。また、新薬の開発や自動車の衝突実験など、産業の発展にも役に立っています。

スーパーコンピューターの厳密な定義はありませんが、その時代で最も性能が高いコンピューター、または、その性能に匹敵するコンピューターを私たちは普通「スーパーコンピューター」と呼びます。世界で初めてスーパーコンピューターを開発したのは、アメリカのコントロール・データ・コーポレーションという企業で、1964年のことでした。スーパーコンピューターの開発のきっかけとなったのは、そもそもは暗号解読などの軍事利用のためでしたが、現在では、平和利用のための科学技術計算を主要目的とする高性能のコンピューターを専らスーパーコンピューター（略称スパコン）と呼びます。

当初、スパコンの開発はアメリカが世界を席巻していました。しかし、1990年代になると日本もスパコンの開発に力を入れるようになり、1993年に富士通が開発した「数値風洞」、1996年に日立が開発した「SR2201」、2002年にNECが開発した「地球シミュレータ」、2011年に富士通が開発した「京」が、スパコンの速さを競う世界ランキングで1位になり、また、2013年には中国が開発した「天河二号」が世界一になるなど、アジア勢も開発に躍起となっています。

そもそも「シミュレーション」とは、日本語に訳すと「模擬実験」です。つまり、何かの現象を予測したい場合、その予測対象となる本物の“モノ”を使って実験を行う前に、別の“道具”を使って、本物や実際の場合と同じよう“模擬”して確かめようとする学問、あるいは、それに近い人間の行動がシミュレーションです。

「本物の“モノ”を使って実験を行う前に」と書きましたが、当然のことながら、大気や海水の流れやマントル対流のような地球規模の自然現象は本物の“モノ”を使って研究することはできませんので、必然的に、コンピューター・シミュレーションが唯一の研究手段となります。

マントル対流シミュレーションの意義

地球内部における数億年から数十億年間の長期間の変動を解明しようとするときには、コンピューター・シミュレーション、地質学的調査、地球物理学的観測、岩石の物性実験、地球化学実験などの研究手法があります。

図７－１は、地球の時間を横軸にとり、地球の深さを縦軸にとったときの、地球物理学的観測（主に、地震学的観測）から得られるデータ量と地質学的研究（主に、岩石の年代測定）から得られるデータ量を円の大きさで示したものです。

この図で示していることは、地球表層から地球深部に向かうほど、また、現在から過去に時間を遡るほど、地球物理学的・地質学的データの量が少なくなり、それらのデータの質も下がるということです。

私たちは、タイムマシンが開発されない限り、時間を遡って過去に戻ることはできません。また、地球の奥深くまで行って直接岩石を採取することはできません。人類が地面を最も深く掘った記録は、旧ソ連が1989年にコラ半島で達成した深さ約12kmです。ただ、コラ半島を含むバルト地塊の地殻の厚さは約35kmもありますので、マントルの岩石を直接採取するには遠く及びませんでした。日本とアメリカが主導するプロジェクトでは、地球深部探査船「ちきゅう」によって、日本付近の海底下から深さ７km までドリルで掘りぬいて、海洋プレート（つまり、マント

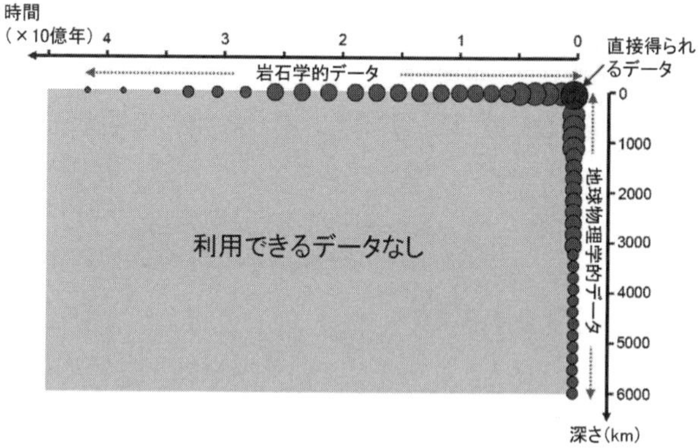

図7－1　時間と深さに対する岩石学的・地球物理学的データ量の多さを示す模式図（Gerya, 2014）
円が大きいほどデータ量が豊富であることを表している

ルの表層部）の岩石を直接採取しようとする計画が現在進められています。

しかし、これ以上の深さを掘り進めるのは、莫大なコストと時間もかかります。また、何より、第1章で解説したように、地球深部に向かうほど温度も圧力も高くなるため、それに耐えうるドリルの作製が必要となります。これは技術的に不可能といってよいでしょう。

地球物理学的観測研究や地質学的研究からは、時間的・空間的な情報は制限されています。そのため、地球内部の長期的変動、つまり、地球内部がどのような運動をしながら進化してきたかを理解するためには、それらの観測情報を補うためのコンピューター・シミュレーション研究が必要不可欠となるのです。

特に、マントルの内部構造の進化に多大な影響を及ぼしてきたと考えられる地球表層運動のメカニズム、また、地球表層運動とマントル対流との相互作用の歴史の解明には、コンピューター・シミュレーションが最も有効な手段であり、“再現”のできる唯一の手段でもあります。

マントルを支配する式

それでは、シミュレーションの具体的な方法を説明していきます。ぜひ、本書で紹介してきたことを振り返りながら読んでみてください。

マントル対流をシミュレーションするためには、まず、マントルを１つの“容器”と考えます。そして、その容器の中の流体の流れや熱（温度）の移動を、熱対流運動を支配する方程式とマントル物質の変形則（物質に力が加わったときどのような振る舞いをするかを記述する式）にもとづいてコンピューターで解きます。これらの方程式は「基礎方程式」、あるいは「支配方程式」と呼ばれます。

マントル対流を記述する重要な基礎方程式は、（１）質量保存式（連続の式）、（２）運動量保存式（運動方程式）、（３）エネルギー保存式、（４）構成方程式の４つです。

（１）の方程式は、容器の中で物質の質量が勝手に増えたり減ったりせず、常に一定であることを保証する式です。

（２）の方程式は、容器の中の物質の運動量が常に一定であることを保証する式です。言い換えれば、容器内のある微小な領域にかかる力が常に釣り合っている状態を保証する式です。もう少し簡単に言えば、作用・反作用の原理で、容器内の物質にかかる力をすべて足し合わせるとゼロになることを保証する式です。マントル対流のシミュレーションでは、（1）の質量保存式とカップルさせて解きます。

（3）の方程式は、容器内のエネルギーの保存を保証する式ですが、マントル対流のシミュレーションでは、熱力学の関係式を用いて、ある時間間隔ごとの、熱伝導と熱対流による熱輸送量の変化（つまり、温度変化）を記述する式に書き換えられます。マントル物質に含まれる放射性元素の壊変による発熱（内部発熱）の効果もこの方程式に含まれます。

（4）の方程式は、容器内のある微小な領域にかかる力（応力）と変形（歪み）の関係を結びつける式で、通常（2）の運動量保存式の中に組みこまれます。

シミュレーションモデルのデザイン

基礎方程式を準備すれば、次は、シミュレーションモデルの“デザイン”が必要です。

そのためには、容器の縁（境界）の力学的な条件と熱的な条件（境界条件）を表す方程式と、シミュレーションの初めの状態（初期条件）を記述する方程式が必要です。

まず、力学的な境界条件から説明しましょう。容器の境界は、球殻の外側と内側の表面、つまり、実際の地球では、それぞれ地表面とコア・マントル境界に相当します。

通常、これら境界では、マントル物質が容器の外に漏れ出さないという条件を与えます。また、地表面とコア・マントル境界は、それぞれ、大気や海水、流体鉄からなる外核と接しているので、境界付近のマントルは、これらの外の物質から境界に沿った方向の抵抗力を受けないと仮定します。つまり、これらの境界ではマントル物質が“ツルツル”と滑る条件を与えます。

一方、熱的な境界条件とは、温度に関する境界条件です。地表面の温度は、マントルは大気や海水から冷やされてほぼ一定温度に保たれているので、固定した温度（たとえば、0℃）を与えます。

一方、コア・マントル境界に関しては２種類の条件が考えられます。１つ目は、マントルは外核から一定の温度で加熱されているという仮定の下で、任意の温度（たとえば、2500℃）を与える条件です。２つ目は、外核からの熱流量が一定（つまり、境界を挟んだ温度勾配がゼロ）である仮定の下で、固定した熱流量を与えるという条件です。この条件では、外核からの熱の流入が一切無視される（つまり、外核からマントルに熱が一切伝わらない）という、いわゆる断熱の条件を与えることも可能です。

次に、初期条件についてです。実際、マントルの過去の正確な状態というのは誰も知りません。たとえば、地球はその誕生以降冷え続けていることは知っていますが、何億年前のマントルが厳密に何℃であったかとか、ある時代のマントルの温度構造は厳密にどうであったかなどは正確には知るすべがありません。そのため、適切な初期条件を与えるのが普通です。

ただし、その場合、シミュレーション結果が、人間が与えた初期条件に左右されてしまうことがあります。そのため通常のシミュレーションでは、人間が与えた初期条件を“忘れる”まで、つまり、マントル対流の振る舞いが定性的にも定量的にも時間的に安定になるまで、ひたすらシミュレーションを続け、安定になった後のマントル対流の振る舞いを観察するのが一般的です。

マントルを細かく切る

基礎方程式とモデルのデザイン（境界条件と初期条件）が揃えば、次は、解きたい研究テーマに沿ったシミュレーション手法を選択します。

一口にシミュレーションと言っても、その手法はさまざまあります。そのために、まず、容器（マントルの場合、球殻の形）を網の目のようにたくさんのブロックに分割します（図7－2）。この格子状のブロックを「計算格子」と呼びます。そして、分割された各計算格子に、速度、圧力、温度、粘性率など、マントル対流の基本となる物理量を配置します。

その際、私たち、シミュレーション研究者は大きな選択にぶつかります。1つは格子の区切り方、もう1つは、物理量の配置の仕方です。

まず、格子の区切り方としては、「規則格子」と「不規則格子」に分かれます。規則格子とは一般的に、球座標系（緯度経度座標系）に沿って計算したい領域を区切る方法

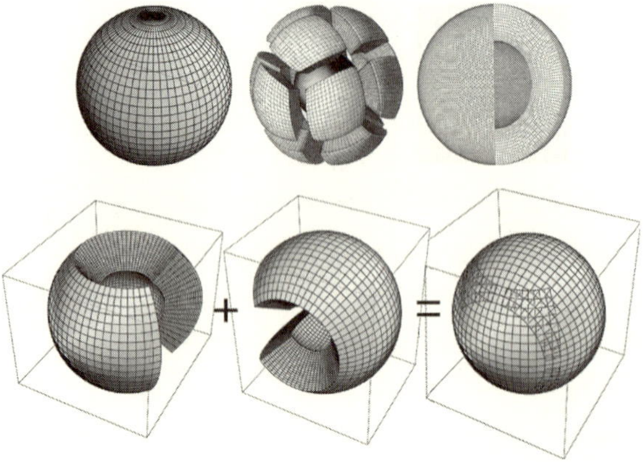

図7－2　マントル対流のシミュレーションで使用される計算格子の例

（上段左）緯度経度座標（球座標）に沿った規則格子、（上段中央と右）不規則格子。（下段）上段左の緯度経度格子の低緯度領域を２つ組み合わせて、格子間隔の幅を全球面にわたってほぼ均一になるようにした計算格子（Yoshida & Kageyama, 2004）。実際のシミュレーションでは、これよりももっと細かい格子に分割する

です（図７－２上段左）。つまり、球殻を深さ方向には玉ネギ状に分割し、さらに水平方向には、緯度と経度に沿って分割します。一方、不規則格子は、緯度経度座標によらず、自由に格子を分割する方法です（図７－２上段中央と右）。

一般的に、規則格子にもとづく手法（「有限差分法」や「有限体積法」と呼ばれます）は、不規則格子にもとづく「有限要素法」と呼ばれる手法と比較して、スーパーコンピューターでたくさんのCPUを用いて並列計算（計算したい領域をたくさんに分割し、それぞれのCPUに分担さ

せる計算方法）を行う際に、計算効率が高いことが分かっています。

規則格子と不規則格子のいいところ

さて、規則格子の現実的な利点を1つあげましょう。

地形データやプレート運動データ、また、地震波トモグラフィーによる地震波速度構造データなど、各種の地球物理学的観測データは通常、緯度経度座標データとして提供されています。そのため、それらの観測データをそのままいつも使っているマントル対流シミュレーションモデルに組み込んでシミュレーションを行ったり、あるいは、シミュレーションで得られた結果をそのまま観測データと比較したりできるのです。

一方、不規則格子の最大の利点は、緯度経度座標に関係なく自由に格子を区切ることができるということです。たとえば、地球表層のプレート境界の分布や沈み込みプレートの複雑な形状をモデルに予め組み込みたい場合、その分布や形状に沿って格子を区切ることができます。特に、プレート同士が接するときにできる断層をモデルに予め組み込みたい場合、その断層が格子の壁になるように分割すれば自然な形で“割れ目”を組み込むことができます。実際、1985年にはアメリカのロスアラモス国立研究所のジョン・バウムガードナー博士によって開発された世界初の三次元マントル対流シミュレーションプログラム（ラテン語で“地球”を意味する「TERRA」と名付けられた）は有限要素法を用いて開発されました。

いざ、シミュレーションへ！

次に物理量の配置の仕方について説明しましょう。

物理量には、温度や圧力などの大きさのみを持つ「スカラー量」と速度のような大きさと向きを持つ「ベクトル量」があります。

スカラー量とベクトル量を計算格子の中心に設置する方法を「コロケート格子法（集中格子法）」と呼び、スカラー量を格子中心に、ベクトル量を格子壁に設置する方法を「スタッガード格子法（食い違い格子法）」と呼びます。

それぞれの格子に設置されたスカラー量とベクトル量は、それぞれの格子を代表する物理量となります。このとき、スタッガード格子では、速度ベクトルを格子壁に設置するので、それぞれの格子に出入りする流れの量（速度の大きさ）や、流れの境界条件が自然に表現できるという利点があり、マントル対流シミュレーションのみならず多くのシミュレーション研究で採用されています。

私は長年の経験から、最も効率的に計算ができる最善策として、図７－２下段の計算格子とスタッガード格子法を用いてマントル対流のシミュレーションを行っています。

最終的に、基礎方程式を準備し、モデルのデザインとシミュレーション手法が決まれば、あとはコンピューターに任せてシミュレーションを行うだけです。各格子に出入りする流れや熱（温度）を決まった短い時間間隔（たとえば、１万年や10万年間隔）ごとに計算し、これらの計算結果を積み重ねて、数億年や数十億年間にわたるマントル対流の時間変化をひたすらゴリゴリとシミュレーションするのです。

マントル対流のシミュレーションでは、解きたい問題や研究者の計算機環境によって、実際の地球のような３次元空間のモデルを使ったり、あるいは、２次元空間に簡単化したモデルを使ったりします。もちろん、３次元モデルの方がシミュレーションに要する時間はかかります。その時間は計算したいモデルにも大きく依存しますが、ワークステーション（普通のパソコンより、多くのCPUや大容量のメモリを搭載しているコンピューター）を使って数日で終わるモデルもあれば、現在のスーパーコンピューターの能力をもってしても数ヵ月を要するモデルもあります。このように、マントル対流のコンピューター・シミュレーションには人並み外れた忍耐力が必要なのです。

そのせいかどうかは分かりませんが、マントル対流のコンピューター・シミュレーションを行っている研究者の数は、固体地球科学の全研究者の中のごくわずかです。本書を読んで、マントル対流のコンピューター・シミュレーションに興味を持った学生のみなさんは、将来、地球科学の門を叩いて是非とも挑戦してみて下さい。

複雑なマントル対流

マントル対流をシミュレーションする際には、さまざまな「パラメータ」（物質の性質や条件を表現する物理量からなる変数）を考慮しなければなりませんが、最も重要なパラメータは、マントル対流の激しさを表現するパラメータです。それは前章で説明した「レイリー数」です。

重要なので、ここでも簡単に説明をします。レイリー数はマントルの底面と上面（地表面）の温度差による「熱浮力」（対流を活発にさせる力）を分子に、「粘性抵抗力」（対流を“おとなしく”させる力）を分母に持ちます。したがって、レイリー数が大きいほど、粘性抵抗力に対して熱浮力が大きくなるので、対流が活発になり、流れの速度が増加します。また、レイリー数が大きくなると、地表面とコア・マントル境界での熱境界層の厚さが薄くなるので、そこから発生する下降プルームと上昇プルームの太さも細くなります。

また、マントルに含まれるウラン、トリウム、カリウムなどの放射性元素の壊変による発熱量（内部発熱量）は、現在から過去に遡るほど指数関数的に大きくなります。内部発熱量を考慮したときのレイリー数の大きさは、内部発熱量の大きさに比例するので、内部発熱量が大きいほど対流が活発になります。

地球のマントルのレイリー数は、10^6～10^8程度です。図7－3は、レイリー数が10^7の場合のマントル対流パターンです。左の図は、現在の地球マントルと同程度の内部発熱量を考慮した場合です。右の図は、現在の地球マントルの２倍程度の内部発熱量をモデルに考慮した場合で、これは、約20億年前のマントルの状態に相当します。内部発熱量が大きいと対流セルの規模が細かくなり、より複雑になることが分かります。この結果は、地球誕生後、初めは高温であった地球が冷却するにつれて、対流パターンが

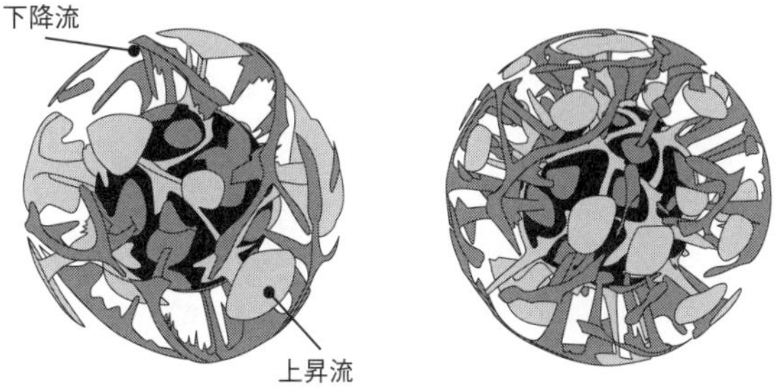

図7－3　レイリー数が10^7の場合の非定常的なマントル対流パターン

（左）現在の地球マントルと同程度の内部発熱量を考慮、（右）現在の地球マントルの2倍程度の内部発熱量を考慮。内部発熱量が大きいほど対流の構造が細かくなる

徐々に“おとなしく”なってきた可能性があることを意味します。

これらのシミュレーションでは、プレートの運動や大陸の移動も考慮していません。それにもかかわらず、おもしろいことに、実際の地球のマントル対流パターンのように、円筒状の高温の上昇プルームと、沈み込むプレートのような板状の下降プルームが再現されます。

おとなしいマントル対流

なぜプレート運動や大陸移動などの観測データが含まれていないのに、地球のマントルに似たような対流パターンができるのでしょうか？　一般の方からもよく、「観測データを何も組み込んでいないのに、なぜ“地球っぽい”シミュレーション結果が出るのですか？」という鋭い質問を受けます。

そこで、レイリー数を実際の地球の値より小さくしてみましょう。図７－４は、レイリー数が10^4という、実際のマントルのレイリー数よりも３桁も小さい場合のシミュレーション結果です。実は、レイリー数が約10^3より大きくないとマントルは対流しません。したがって、レイリー数が10^4の場合は、マントル対流がやっと対流し始める値です。この場合、流れのパターンが時間変化しない、いわゆる、定常状態のパターンになります。一方、レイリー数が約10^5以上になると、図７－３のように流れのパターンが複雑に時間変化する非定常状態になります。

マントル対流の場合、２種類の定常パターンが存在することが分かっています。１つは、円筒状の上昇プルームが４つの場合（図７－４左）、もう１つは、６つの場合（図７－４右）です。どちらの場合も、上昇プルームの間にシート状（板状）の下降プルームが観察されます。これらのパターンは、実はマントル対流の“基本パターン”なのです。

なぜこのようなパターンになるかというと、マントル対流は、基本的に図６－４や図６－５で紹介したレイリー・ベナール型の熱対流だからです。図７－４の円筒状の上昇プルームは、あたかも実際の地球のマントルでコア・マントル境界から発生する上昇プルームの形のようです。また、シート状の下降プルームは、あたかも沈み込むプレートのようです。つまり、マントル対流のパターンはこのような基本パターンが元になっていますので、レイリー数が

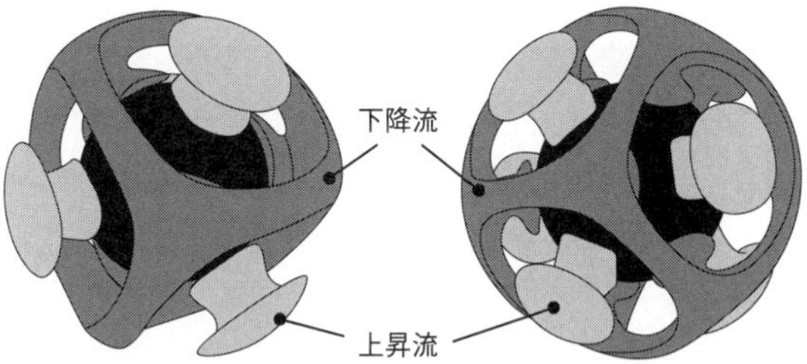

図7－4　レイリー数が10^4の場合の定常的なマントル対流パターン
円筒状の上昇プルーム（薄いグレー）とそれを取り囲むシート状の下降プルーム（濃いグレー）が見られる。左図は上昇プルームが4つの「正4面体型」の場合、右図は上昇プルームが6つの「正6面体型」の場合。これらはマントル対流の基本パターンといえる

大きい非定常対流の場合でも、地球のマントルに似たような対流パターンが自然にできるのです。

プレート運動はコンピューターで作られる

第6章でマントル対流の特徴として、マントルを構成する岩石の粘性率が、温度や圧力、化学組成、鉱物の結晶粒径、水の量などに強く依存すると説明しました。これらの要素のうち、粘性率に最も大きく影響を与えるのは温度です。つまり、温度が高くなると粘性率は小さくなり、温度が低くなると粘性率は大きくなります。温度が低いときと高いときの粘性率の比は何桁にもなりますので、温度変化が大きな地球のマントルの内部は粘性率が大きく変化します。実際の地球のマントルにできるだけ近付けたシミュレーションを行う場合には、この効果を考慮しなければいけません。

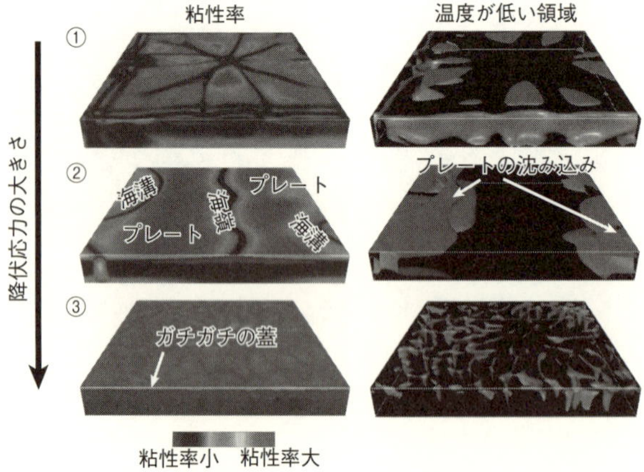

図7－5　マントルの粘性率の温度依存性と降伏応力を考慮した3次元箱型マントル対流のシミュレーション結果（Tackley, 2000）
左図は粘性率の分布、右図は温度が低い領域の分布を表す

図7－5は粘性率の温度依存性の効果を考慮したときのマントル対流のシミュレーション結果です。ここでは、結果が見やすいようにマントルの形を3次元の箱と簡単化したモデルの結果を使っています。

このモデルでは、粘性率の温度依存性の効果のほかに、冷たくて粘性率が大きくなった部分が“破壊”される効果を考慮しています。粘性率が大きな固い部分は、通常、その部分に大きな力（応力）が掛かっていますので、応力の大きさがある値（降伏応力）を超えたときに、その部分の粘性率が小さくなるようにして、固くなった部分に力学的にやわらかな“破壊領域”を作ればよいのです。この降伏応力の値を小さな値にするほど、固い部分は激しく破壊され、値を大きくするほど破壊されにくくなります。

粘性率の温度依存性の効果をモデルに考慮すると、マントル表層の冷たい部分が固くなります。これは実際の地球のリソスフェアと同じです。図７－５③のように降伏応力が大きい場合には、マントルは“ガチガチの蓋”で覆われていることが分かります。この場合は、プレートテクトニクスが存在しない金星や火星のマントル対流の様子と同じと考えられています。

逆に、降伏応力の値が小さい場合には図７－５①のように、表層の蓋は激しく破壊され、ガラスが割れたようにたくさん小さな“破片”が見られます。

そこで、実際の地球のプレートのように、マントルの厚さよりも大きな固い蓋の破片を表層に作るには、中程度の適正な値の降伏応力を与えればよいのです。図７－５②をみると、表層の固い蓋はもっともらしく破壊され、実際の地球のプレート境界に似た線状に延びた破壊領域が生まれています。このシミュレーション結果の場合、箱の中央付近でプレートの発散境界（海嶺）ができ、端の方で収束境界（海溝）ができています。海溝では、冷たいプレートが沈み込んでいる様子が分かります。このプレート運動により、プレートの下のマントル対流は実際の地球のような大規模な構造を作り出されています。

このように、マントル対流のコンピューター・シミュレーションでは、マントルの対流運動のみならず、実際の地球のプレート運動に似た表層運動も再現することができるのです。

超大陸を考慮したシミュレーション

1990年代半ばになると、急速なコンピューターの計算速度の進展と計算技術の開発により、現実的なレイリー数を考慮した3次元モデルのシミュレーションが行われるようになりました。私は、1999年に超大陸を考慮したマントル対流のコンピューター・シミュレーションを、3次元球殻モデルを用いて世界で初めて行いました（図7－6）。

ここではモデルを簡単にするため、超大陸は、空間的に固定された、周囲のマントルよりも粘性率が高い剛体的な（変形しない）円盤状の“一枚板”と仮定します。

大陸はマントルよりも粘性率にして1桁から3桁は大きいとされています。つまり、大陸はマントルよりも固いと考えるのが自然です。実際に、パンゲア超大陸が分裂して2億年たったあとも、南アメリカ大陸の東岸とアフリカ大陸の西岸の海岸線がほぼぴったりと一致していることから、大陸はマントル対流によって簡単には変形しないということが分かります。

図7－6のシミュレーション結果を見ると、地球表層に超大陸を設置した瞬間の状態では、たくさんの細かい上昇流と下降流が均等に分布し、マントル全体の対流の規模が小さいことが分かります（図7－6①）。やがて、計算の開始から1億年も経過すると、超大陸の下にたくさんの上昇流が発生し、マントル全体の対流の規模が大きくなりつつあります（図7－6③）。その後、3億年も経過すると、超大陸の下には上昇流が、超大陸がない“海”の下で

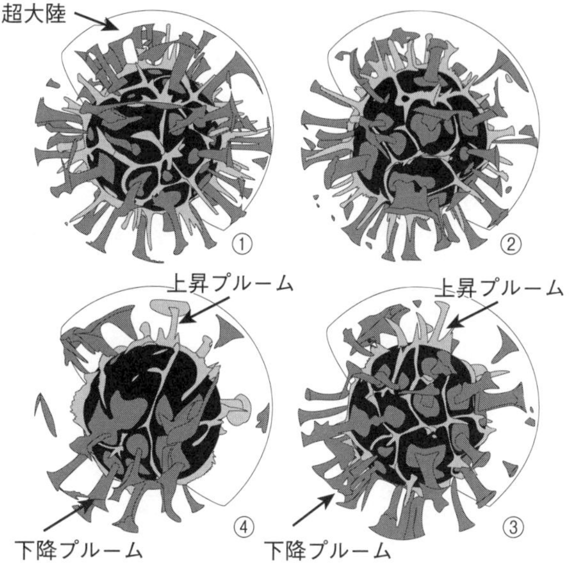

図7－6　超大陸を模した“蓋”を設置した場合のマントル対流のシミュレーション結果（Yoshida et al., 1999; Yoshida, 2010）
薄いグレーは上昇プルーム、濃いグレーは下降プルームを表す。①は、シミュレーションの初期状態、②は6600万年後、③は1億5500万年後、④は3億800万年後の状態。時間が経過するにつれて、超大陸の下に上昇プルームが集中することが分かる

は下降流が卓越していることがはっきりと分かります（図7－6④）。このように、超大陸の存在が、マントル対流のパターンや規模に大きな影響を与えるのです。

第4章で解説したように、地球に存在していた過去の超大陸（パンゲア、ゴンドワナ、コロンビア）は、それらが形成されてから約1億～3億年後には分裂を開始したとさ

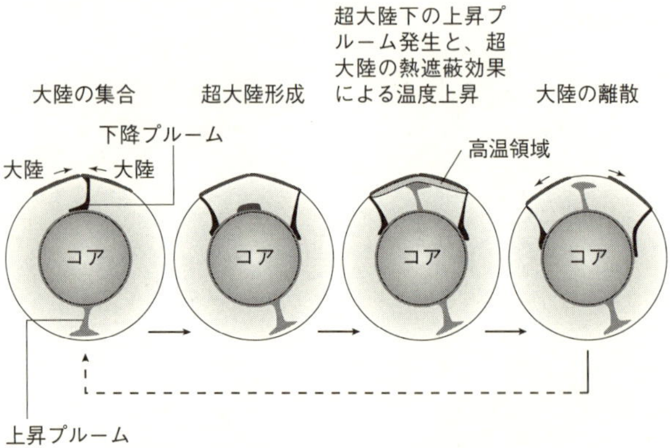

図7－7　超大陸の下に上昇流が発生するメカニズムを表した模式図（Heron & Lowman, 2014）

れています。超大陸の分裂は、超大陸の下に発達する上昇プルームが原因となった可能性が高いのです。

このメカニズムについて考えてみましょう（図7－7）。超大陸が存在すると、マントルがまさしく“蓋”をされたような状態になり、超大陸はマントルにとって“断熱板”あるいは“毛布”の役割を果たします。そのため、数億年程度時間が経つと、超大陸の下に熱が溜まり、その溜まった熱のために超大陸直下のマントルの温度が上昇します。この効果を超大陸の「熱遮蔽効果」、または「毛布効果」と呼ぶこともあります。

超大陸によってマントルが蓋をされると、やがて、マントルの浅い部分には、超大陸下から海の下に向かう流れができます。この流れは超大陸を四方八方に引きちぎろうとする力を与えます。このようなマントルの浅い部分の大規模な流れは下降し、やがて、その下降流と入れ替わりにコア・マントル境界から大規模なマントルの上昇プルームが発生します。また、超大陸の縁から沈み込む海洋プレートがマントル深部に沈み込んでコア・マントル境界上の熱境界層を刺激して不安定にさせることも、超大陸の下にマントルの上昇プルームを発生させる原因になります（図７－７）。

したがって、超大陸を分裂させるマントルの上昇プルームを作る原因は、毛布効果と超大陸の縁から沈み込む海洋プレートと言ってよいでしょう。

図７－６のシミュレーションでは、大陸は空間的に固定されており移動しません。そこで、プリンストン大学のベンジャミン・フィリップス博士らは、2005年から2007年にかけて、大陸を模した剛体的な円盤状の“板”がマントル対流によって移動するシミュレーションの結果を発表しました（図７－８）。彼らのモデルでは、大きな３つの大陸がある場合と、小さな６つの大陸がある場合でシミュレーションしています。さらに、コアから加熱がない場合とある場合の違いも考慮してシミュレーションしています。それぞれの大陸が１ヵ所に集まったタイミングを「超大陸」が形成されたとしています。

大きな３つの大陸があるモデルをみてみましょう（図７－８）。コアからの加熱を考慮しない場合には超大陸サイクルの間隔は規則的ですが、実際の地球のようにコアからの加熱を考慮した場合には、コア・マントル境界から不規

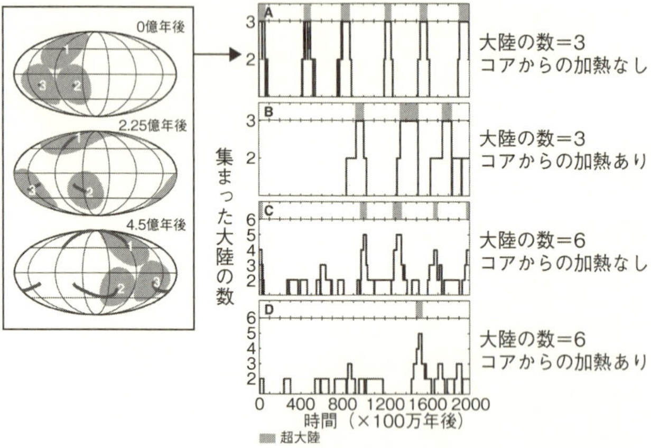

図7－8　マントル対流のシミュレーションで得られた、円盤状の剛体的な大陸の数とコアからの加熱の有無の違いによる超大陸ができるタイミング（Phillips & Bunge, 2007）
縦軸は集まった大陸の数で、横軸は時間。A：大陸の数が3、コアからの加熱なし。B：大陸の数が3、コアからの加熱あり。C：大陸の数が6、コアからの加熱なし。D：大陸の数が6、コアからの加熱あり。薄いグレーの部分で超大陸ができる

則に発生する上昇プルームにより超大陸サイクルの間隔も不規則になることが分かったのです。また、小さい大陸が多く存在する場合には、それらが1ヵ所に集まるタイミングまで時間がかかるため、必然的に「超大陸」ができるタイミングも時間がかかるようです。

第6章で解説したように、実際の地球では、コアから多くの熱がマントルに流入しています。彼らのシミュレーション結果が示すように、実際の地球で起こってきた超大陸サイクルの間隔も決して規則的ではなかったのかもしれま

せん。

このように、シミュレーションを行うことによって、マントル対流のパターンと大陸移動の規則性・不規則性の関係がはじめて明らかになったのです。

超大陸サイクルを実現するシミュレーション

図7－6や図7－8のシミュレーションでは、大陸は剛体的な“板”とモデル化されています。

このようにモデルを単純化した理由は、もちろんモデルをできるだけ簡単にして、知りたい現象の本質をつかみたいという理由もあります。しかし、実際は、自在に変形する大陸の移動をシミュレーションで精度良く解くことが既存の計算方法では難しかったという理由もあります。

そこで、私は、2009年頃から新しい計算アルゴリズムを用いることで、マントル対流によって自在に変形する大陸を考慮した3次元マントル対流モデルを開発することに成功しました。簡単に説明すると、大陸をたくさんの粒子の集合体として扱い、その1つ1つの粒子の流れをマントル対流の決まった時間間隔ごとに精度良く解く「粒子追跡法」という方法がベースになっています。

図7－9は、この方法を用いたシミュレーション結果の一例です。このモデルでは、地球表層にA、B、C、Dと名前を付けた仮想的な4つの大陸が集まった円盤状の超大陸を最初に仮定しています。また、図7－6や図7－8のシミュレーションとは異なり、降伏応力により、海洋プレートの運動が自発的に生まれる効果も考慮しています。

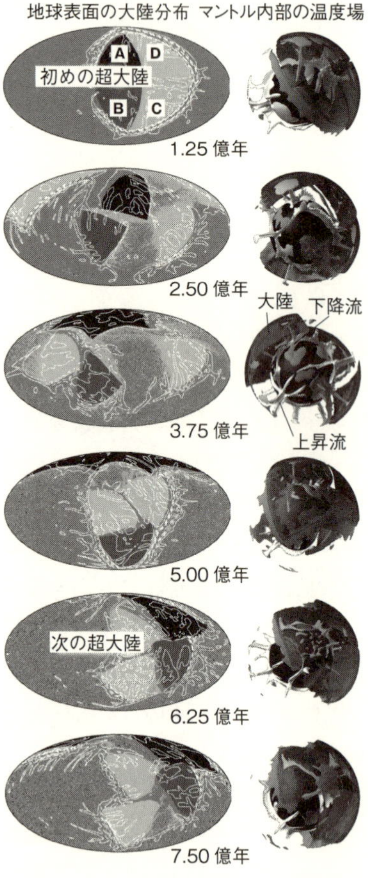

図7－9　自在に変形する大陸を考慮したマントル対流のシミュレーション結果の一例（Yoshida, 2013a）。上の図から下の図まで6億2500万年が経過。はじめに設定した超大陸が分裂し、それぞれの大陸が移動し、やがて再度、超大陸が形成される過程を表す

その結果、はじめに存在していた超大陸が分裂を開始し、やがてそれぞれの大陸が移動し、計算開始から約6億年後には、それらの大陸が再び1つに集まって新しい超大陸が形成されるという超大陸サイクルが見事に再現されました。実際の地球に近い複雑な大陸移動の様子が、世界で初めてコンピューターの中で再現されたのです。1912年のウェゲナーの大陸移動説の提唱、1915年の『大陸と海洋の起源』の出版から、ほぼ100年を経過して、大陸移動の

主要な原動力がマントル対流であることをコンピューター・シミュレーションで証明できたことは感慨深いものがあります。1928年にホームズが大陸移動の原動力として提唱したマントル対流説は正しかったのです！

また、もう１つこの研究から得られた重要なことがあります。超大陸サイクルの原動力が、ホームズのマントル対流説以降、従来まで知られていたマントルの対流運動（図２－５）のみならず、大陸周辺の海洋プレートを含む地球上の全プレートが複雑に相互運動することによって発生するプレート境界力（第３章）であることがコンピューター・シミュレーションで初めて実証されたことです。

図７－10は、プレート運動がない場合とある場合の大陸移動の様子の模式図です。上の図が大陸移動の原動力がマントル対流のみの場合、下の図が大陸移動の原動力がマントル対流と海洋プレートの相互運動に由来するプレート境界力の両方の場合です。

大陸移動の原動力がマントル対流運動のみの場合、図７－８のフィリップス博士のシミュレーション結果のように、分裂した大陸片は、地球の反対側に集まり、再び、元の位置に戻るという単純なサイクルを繰り返します。これはまさに、図４－２で示した外向パターンの超大陸サイクルに相当します。

一方、大陸移動の原動力がマントル対流運動とプレート境界力の両方の場合には、そのような単純な大陸移動のサイクルは起こりません。海洋プレートの生成や沈み込みが地球上の至る所で起こる場合、分裂したそれぞれの大陸片

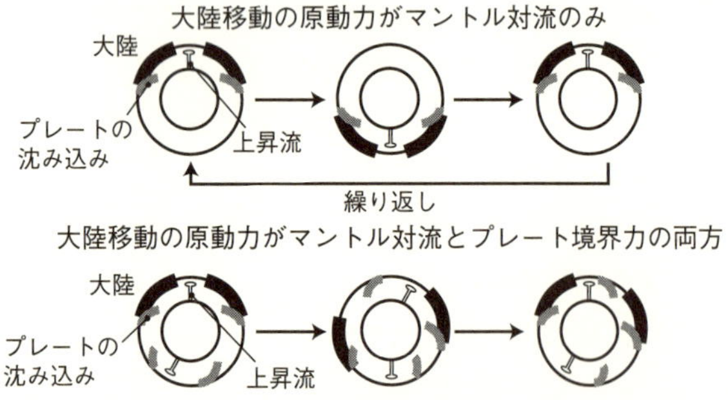

図7－10　大陸移動の様子の模式図

（上）大陸移動の原動力がマントル対流のみの場合。この場合、それぞれの大陸は地球の表側と裏側を行ったり来たりする単純なサイクルを繰り返す。（下）大陸移動の原動力がマントル対流とプレート境界力の両方の場合。この場合、それぞれの大陸は単純なサイクルで移動せず、複雑に振る舞う

は、図7－9のシミュレーション結果で示したとおり、複雑な振る舞いをしながら移動します。この場合、地球上では外向パターンのみならず内向パターンの超大陸サイクルも起こりえます。

さて、大陸はマントルより軽いといっても、どちらも岩石から構成されていることには変わりありませんので、その密度差はごくわずかです。固さは大陸の方がマントルよりも粘性率にして1桁から3桁大きいとされていますが、この程度の粘性率の違いでは、実際にシミュレーションを行うと、10億年も経過しないうちに、大陸はマントル対流に簡単に巻き込まれてしまいます。しかしながら、第3章で解説したとおり、実際の現在の地球では、20億年以上も前の古い大陸がマントルに沈み込むことなく、クラトンとして残っています（図3－7）。

私が行った図7－9のシミュレーションなどから、大陸周辺を取り囲むように設置した粘性率の小さい“やわらかい”領域がクラトンと海洋マントルとの間のクッションのような役割を果たし、地質学的時間スケール（20億年以上）での大陸の安定性に寄与することも分かりました。この領域は、実際の地球では古い大陸を取り囲む原生代の造山帯に相当すると考えるのが自然なのです。クラトンは、その周囲を取り囲む比較的やわらかい大陸で保護されて、地球上を漂い続けていることがコンピューター・シミュレーションで明らかになったのです。

昔のパンゲア超大陸と今のジオイド

もう少し現実の地球に近付けたシミュレーション結果を紹介しましょう。

本章で先に紹介したのジョン・バウムガードナー博士は、有限要素法プログラムのTERRAを用いて、パンゲア超大陸を構成する各大陸のブロックを考慮したマントル対流のシミュレーションを行いました（図7－11）。

彼のモデルでは、シミュレーションの初期状態として、パンゲア超大陸の周辺にプレートの沈み込みに伴う低温領域（図7－11①）があり、また、大西洋にいくつかの高温領域（図7－11②）があったと仮定しています。そして、マントル対流を8000万年間シミュレーションすると、マントル対流によって高温領域が広がり、地震波トモグラフィーから推定される現在のマントル対流パターンに大体似たような結果（図7－11④）が得られることを示

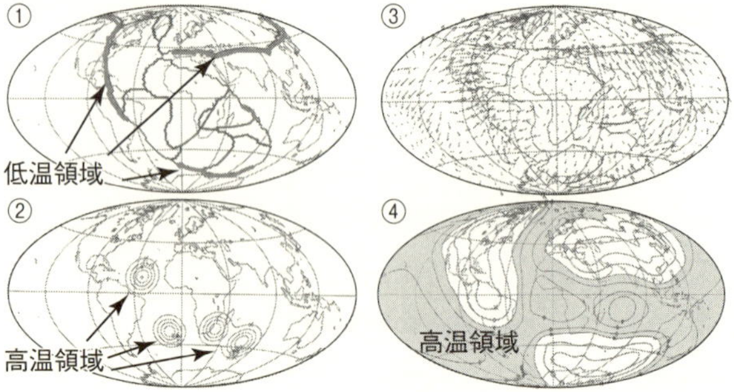

図7－11　パンゲア超大陸を構成する各大陸ブロックを考慮したマントル対流のシミュレーション結果（Baumgardner, 1993）
①、②はそれぞれ、シミュレーションの初期状態として設置した低温領域と高温領域の位置。低温領域（灰色の太線）はパンゲア超大陸（灰色の線）の縁の一部に設置されている。③はシミュレーションで得られた8000万年後の地表面の速度場（矢印）、④は8000万年後のマントル深部の温度分布（灰色の領域が高温領域、白色の領域が低温領域）。①から④のいずれの図も、参考のために現在の地球の海岸線が描かれている

しました。つまり、与えた初期条件が必ずしも間違っていなかったということです。

　このシミュレーションでは、パンゲア超大陸を構成する大陸ブロックを変形しない剛体的なものと仮定するなど非常に簡単なモデルであり、与えた初期条件も人為的な要素が多いのです。しかも、自在に変形・移動する大陸や、ここでは無視されている粘性率の温度依存性の効果を考慮するなど、実際のマントルの環境下で行った場合に、どのような結果が得られるかはまだはっきりしていません。彼のモデリングのアプローチがどの程度、現実の地球の歴史を再現するものであるかの検討は、私たちに残された今後の

課題です。

しかし、彼の結果から言える重要なことは、パンゲア超大陸を取り囲む沈み込み帯がどこにあるかで、その後のマントル対流パターンが大きく変わるかもしれないということでしょう。逆に言えば、もし、現在のマントル対流パターンを“復元”できるパンゲア超大陸の沈み込み帯やマントル上昇流の位置が特定できれば、パンゲア超大陸が存在していた2億年前のマントル対流パターンが“復元”できるということです。

そのようなシミュレーション研究を行う際に、頭に入れておかなければならない重要なことは、大西洋からアフリカ大陸にかけての正のジオイド異常の位置（図1－8①）は、実は、過去のパンゲア超大陸の位置と関係があるかもしれないということです。

そこで、地球を2億年前の状態に戻してみます。すると、大西洋からアフリカ大陸を中心とした南北に細長い正のジオイド異常の領域はまさにパンゲア超大陸が分裂を始め、大西洋ができ始めたところと一致し、また、太平洋の東西の正のジオイド異常は、古太平洋（パンサラッサ海）にほぼすっぽりとはまります（図7－12）。パンゲア超大陸があった場所が現在のジオイドの正の異常領域と一致するのは偶然でしょうか？　図1－7によると、マントル上昇流が地表面を突き上げた場合、ジオイドは正の異常を示します。どうも、2億年前にはすでにアフリカスーパープルームが存在していた可能性があります。図7－6のように、超大陸が存在するとその下に大規模の上昇流が形成さ

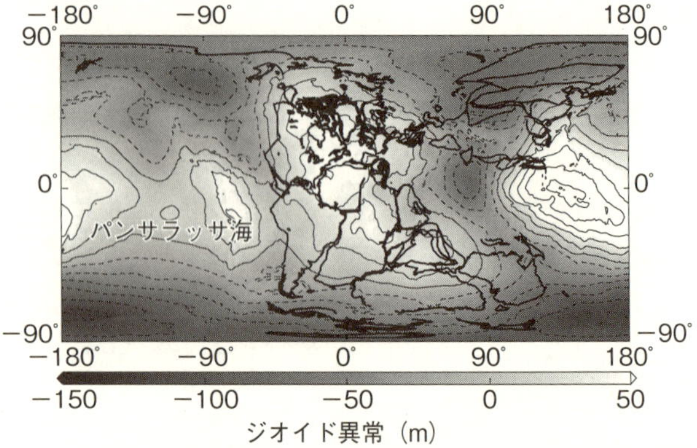

図7－12　２億年前のパンゲア超大陸の位置と現在のジオイド異常パターン（白色ほど正、黒色ほど負）

れるので不思議なことではありません。

パンゲア超大陸が存在していた場所の下には、２億年前から現在までずっとアフリカスーパープルームがあったのでしょうか？　その場合、パンゲア超大陸は、アフリカスーパープルームによって大規模に引き裂かれたことを意味するのでしょうか？　これらの疑問を解決する手がかりになるかもしれないコンピューター・シミュレーションの結果が最近示されました。

スーパープルームはいつ生まれたのか？

第６章で、マントルには、アフリカの下と南太平洋に２つのスーパープルームがあることを解説しました。これらのスーパープルームはいつ頃形成されたのでしょうか？

南太平洋スーパープルームは、少なくとも４億年前には存在していただろうというのが、ほとんどの研究者の見方です。第4章で触れたように、約8億年〜7億年前のロディニア超大陸の分裂のきっかけになったのも南太平洋スーパープルームだといわれています（図4－8）。

一方、アフリカスーパープルームの起源については、2つの説があります。1つは、パンゲア超大陸がほぼできあがった約3億年前から存在していたという説と、もう1つは、パンゲア超大陸が完全に分裂した後に誕生し、それ以前のアフリカの下のマントルは冷たかったという説です。

コロラド大学のナン・チャン博士らは、4億5000万年前から現在までのプレート運動の歴史を、地表面の速度境界条件の変化として考慮したコンピューター・シミュレーションを行いました（図7－13）。

彼らの結果によると、アフリカスーパープルームは、パンゲア超大陸分裂後に誕生したそうです。それ以前の太平洋付近の下は温かいマントル上昇流で支配されていたが、アフリカ付近の下は冷たいマントル下降流で支配されていただろうという説です。特に、約4億5000万年前からあったとされるアフリカ周辺の下降流はゴンドワナ大陸とローレンシア大陸の間のプレートの収束帯（第4章参照）に起因すると考えられます。

図7－13によれば、最近の約1億2000万年間のプレート運動の歴史がアフリカスーパープルームの形成に重要な役割を果たしたと結論づけられます。つまり、現在の環太平洋沈み込み帯がほぼ位置が変わることなく少なくとも最近数億年の間存在していて（図7－14）、それに伴う冷た

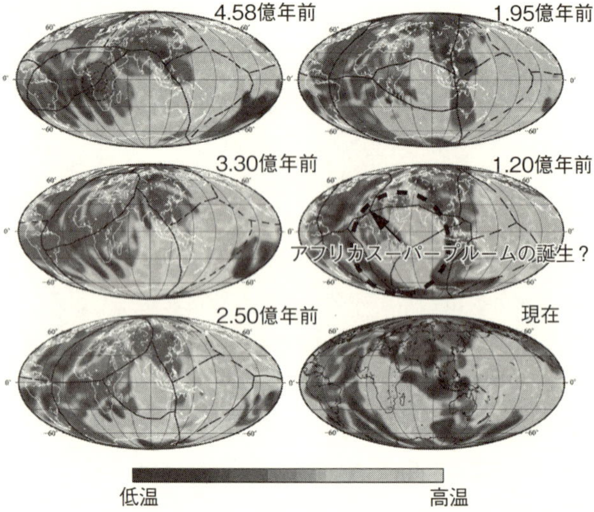

図7－13　約4億5000万年前から現在までのプレート運動の歴史を考慮したマントル対流のシミュレーション結果（Zhang, 2010）
各時代のマントル深部の温度を表している。色の薄い部分が高温、濃い部分が低温

い下降流が温かいマントル物質をアフリカ付近の下にかき集めて、スーパープルームが形成されたことになります。

これが本当だとすると、2億年前のパンゲア超大陸の時代には、アフリカスーパープルームはなかったわけですから、パンゲア超大陸は、スーパープルームによって大規模に引き裂かれたわけではなく、局所的に上昇してきたホットスポットプルーム、あるいは、それに加えてプレート境界力によって受動的に分裂したと推定されます。

しかしながら、このシミュレーションでは、大陸の存在

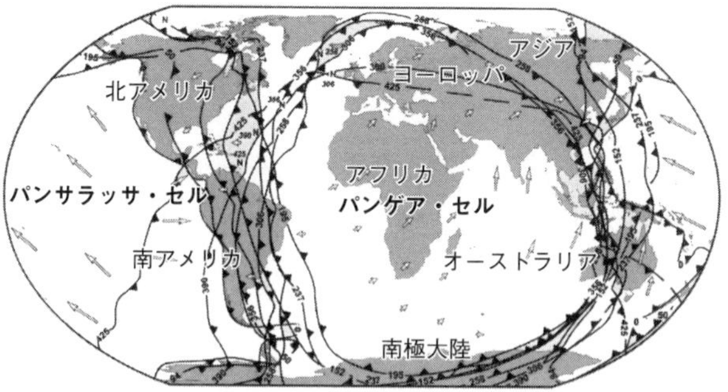

図７－14　４億2500万年前以降の沈み込み帯の位置（Collins, 2003）
数字の単位は100万年。マントル対流のパンゲア・セル、パンサラッサ・セルは、それぞれ、パンゲア超大陸、パンサラッサ超海洋があった場所に相当する

が考慮されていません。大陸移動が考慮されたときに、アフリカスーパープルームの発生時期はどう変わるか、また、４億5000万年前よりもさらに過去に遡ってシミュレーションしたときに、現在のマントル対流パターンが再現されるのかどうかは、今後の課題です。また、そもそもスーパープルームとは何なのか（第６章参照）ということまで考えると、私たちは地球内部のことがほとんど何も分かっていないのだと、途方に暮れます。

こういってしまうと、読者のみなさんにはネガティブに聞こえるかもしれませんが、逆にいえば、私たち固体地球科学の研究者はこれからもやることがたくさんあるのです。

私たちには、今後解明すべき未解決問題がたくさん残されています。それにもかかわらず、本章で解説したように、コンピューター・シミュレーションによって、実際の地球に近い超大陸サイクルや、現在のマントル対流パターンが再現できるようになっています。このことは、一歩一歩ではありますが、地球史における地球物理学的・地質学的データの空白域の全容解明に近づきつつあることを意味します。

地震波から現在のマントルの流れが分かる？

第6章で解説したように、現在のマントル対流パターンは地震波トモグラフィーモデルから推定できます。そこで、本章のまとめとして、地震波トモグラフィーにもとづいたマントル対流のコンピューター・シミュレーションを紹介し、現在のマントル内部の流れの様子を観察しましょう。

地球内部を伝わる地震波速度はマントルの温度や化学組成の変化によって、速くなったり遅くなったりします。つまり、マントルの“世界地図”である3次元の地震波速度構造データがあると、それを元にマントルの密度構造が推定できるのです。正確には、各深さでの平均的な密度からどれくらいずれているかが分かります。そのため、マントルのどの領域が周囲のマントルよりも密度が大きく、どの領域が周囲のマントルよりも密度が小さいのかが推定できるのです。

物質の密度と温度は単純な関係にあり、密度が大きいところは温度が低く、密度が小さいところは温度が高いと読み取れます。そこで、地震波速度が温度のみに依存していると仮定すると（先述のように実際は化学組成にも依存する)、地震波トモグラフィーによる地震波速度分布は単純に温度変化による密度変化の分布を見ていると思っていいのです。

ただ、世界のいろいろな研究者から提供された地震波トモグラフィーデータだけでは、マントル内部の流れのパターンがどのようになっているかは分かりません。

そこで、マントル対流のコンピューター・シミュレーションの出番です。私は最新の地震波トモグラフィーモデルから推定したマントルの密度変化分布を運動量保存式に入力して、現在のマントルの流れをシミュレーションしてみました。

この際、現在の世界最高解像度の地震波トモグラフィーモデルでさえも、上部マントルに沈み込むプレートの形はぼんやりとしてはっきりとしないので、地震の震源の分布にもとづいたプレートの形状を組み込んでいます。一般に、プレートが沈み込んでいるところでは地震が頻繁に起きるので、これらの地震の震源をマッピングすることで、おおまかな沈み込みプレートの形状が分かるのです。

図7－15は、地球の表面を一部くり抜き、マントルの流れをコンピューター・シミュレーションの結果を用いて可視化したものです。マントル奥深くの流れの方向を矢印で表すと、南太平洋のマントルの最下部に存在するパイルに向かって流れが集中していることが分かりました（図7－15左)。このマントルの流れはやがて南太平洋の海底下まで上昇し（図7－15右)、南太平洋上に多くの海底火山

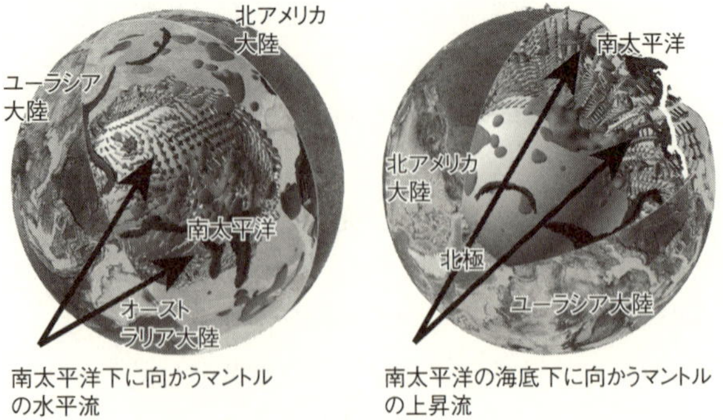

図7－15　地震波トモグラフィーモデルにもとづいてシミュレートした現在のマントル内部の流れ場の様子 (Yoshida, 2013c)

（ホットスポット）を生み出していると考えられています。アフリカ大陸の下にも、同様に、このような上昇流がみられます。

今後、さらに高解像度の地震波トモグラフィーモデルが発表されれば、地球内部のさらに細かい流れのパターンが描けるでしょう。このような研究は、地震学者と私のようなシミュレーション研究者がタッグを組んで初めてなしえることです。

過去へ遡る

さて、地震波トモグラフィーでは、現在のマントル対流パターンしか分かりませんが、もし過去のマントル対流パターンが分かれば、実際の過去の地球でどのようなことが起こってきたかを推定する手がかりとなります。

シミュレーションでは、マントル対流を過去から現在へ、また、現在から未来へ解くことができますが、残念ながら、現在から過去へ時間を遡って解くことはできません。なぜなら、物体の熱の流れは不可逆変化といって、高温の物体と低温の物体を接触させたとき、熱は高温の物体から低温の物体に移動しますが、低温の物体から高温の物体に自然に移ることはありえないからです。コンピューター・シミュレーションにおいても、通常の手法では、熱の流れを過去に遡って解くことはできません。

ロシア科学アカデミーのアリック・イシュマエルザデー博士らは、特別なシミュレーション手法を開発して（基礎方程式の一つであるエネルギー方程式を改良して）、この困難を打ち破ろうとしています。

図7－16は、そのシミュレーションの一例です。まず、通常の3次元箱形モデルのマントル対流のシミュレーションで、上昇プルームがマントルの底面から発生し、やがて地表面まで到達するところまでを解きます。最終的に6つ程度のたくさんの上昇プルームが存在していることが分かります（図7－16、上列）。これは、通常のシミュレーション方法で、過去から現在までマントル対流を解いたということです。

次に特別なエネルギー方程式を用いて、今度は現在から過去に向かってシミュレートすることを試みます。図7－16の中央列の図がその結果です。あたかも映像を逆回ししたように、上昇していたプルームが発生する段階まで元に戻ります。図7－16上列と中央列の図を見比べると、ほぼそっくり元に戻っているといえるでしょう。さらに、

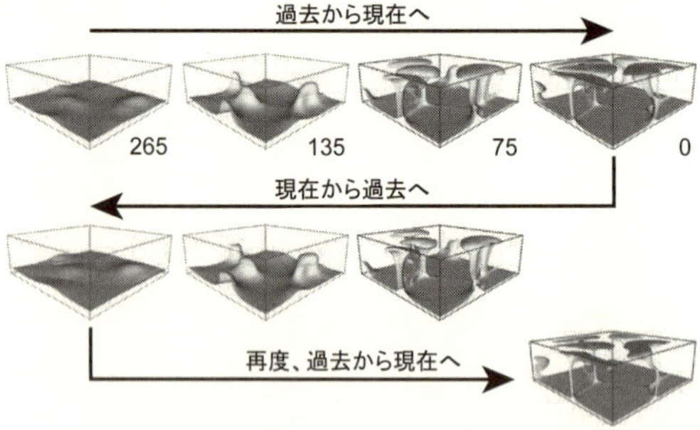

図7－16　マントル対流を過去に遡ってシミュレートした結果の一例（Ismail-Zadeh et al., 2007）。数字は時間で単位は100万年前

図7－16下列の図では、普通のシミュレーションの方法で再度、プルームが発達する状態までシミュレートしています。その結果は、図7－16上列のパターンとほぼ同じものになります。つまり、マントル対流を現在から過去まで時間を遡ってシミュレートすることに見事に成功しているのです。

彼らが開発したシミュレーション手法は、まだプルームが上下運動する時間スケール（数千万年間）しか遡ることができません。今後、シミュレーションの技術開発が進歩して、数億～数十億年前に遡ってマントル対流を解くことができれば、現在のマントル対流のスナップショットである地震波トモグラフィーモデルを元にして、過去のマントルの温度や流れのパターンが分かるようになるかもしれません。しかしこれは、あくまで夢の話です。

そして、将来……

地球が約46億年前に誕生した後、現在までどのような進化を辿ってきたのか、また、現在の地球の大陸配置やマントル内部の構造がどのように形成されたのかがおおまかに解明されるまで、あと一歩のところまで着実に近づいています。

今後も世界中の研究者がしのぎを削って研究を行うことで、コンピューターの中で地球を丸ごと作り出すことができる日が訪れるのは、そう遠くない未来だと思います。コンピューターの処理速度が今後どんどん速くなれば、スーパーコンピューターを使わずとも、みなさんが使っているパソコン上で自由に地球の歴史を操ることができる日も、いずれやってくるかもしれません。

おわりに

本書で説明したように、さまざまな地質現象の根源となるプレートテクトニクスや大陸移動の原動力、マントル対流の振る舞いについての理解がここ数十年でずいぶん進展しました。また、近年の地質学的研究の進展により、地球の歴史において少なくとも３つの超大陸が地球上に存在したことが確実になってきました。パンゲア超大陸より前にも超大陸があったことを初めて知った方も多いのではないでしょうか。

今後は、地球46億年の進化過程において、実際の地球内部で起こってきたことを特定し、地球の将来の姿を予測することが、固体地球科学の最も大きなテーマです。

マントル対流の様子が地震波トモグラフィーによって可視化され、シミュレーションで再現されるようになってからまだ30年足らずです。また、大陸移動を考慮した本格的なマントル対流のシミュレーションが行われるようになったのは、ようやく、ここ数年の間です。

現在も固体地球科学という学問はめざましい速度で進展しています。今後、次々と新しい学説が誕生し、教科書が塗り替えられる可能性があります。

高等学校における地学の履修率は、学習指導要領の改訂のたびに低下し、昭和40年代には約90％もあったそうですが、2011年度では約７％にまで低下したそうです。もちろん、物理、化学、生物、地学の高校理科の４科目のなかで、大差をつけられての最下位です。

これからの中学・高校生には、他の理科科目と公平に地球科学を学習する機会が与えられる教育行政が行われるよう期待してやみません。富士山のような高い山は広い裾野を持っています。これと同じように、地球科学に興味を持つ人を少しでも増やして裾野を拡げていかなければ、日本における地球科学の研究レベルの維持・向上は今後期待できません。

もし、本書を読んで、地球科学の研究者になりたいと思われた方がいれば嬉しいかぎりです。

地球科学は、自然科学の一学問分野ですが、さらにその中には、非常にたくさんの学問分野があります。本書で紹介したものも地球科学の一部にすぎません。地球物理学、地球化学、地質学、地震学、火山学、地球電磁気学、鉱物学、岩石学、古生物学などです。そのほかに、気象学や海洋物理学などといった私たちの生活に身近な自然現象を扱う学問もあります。最近では、太陽系の他の惑星に関する研究も含む意味で、従来の“地球科学”は“地球惑星科学”と言い換えられるのが一般的で、今や宇宙や地球で起こっている全ての自然現象が研究対象となっています。

現在中学生で地球科学の研究者を目指そうとする方は、高校で地学を履修することをお勧めします。もちろん、高校であえて地学を履修せず、他の理科の科目を選択して、物理、化学、生物の基礎知識をしっかり学び、大学に入ってから地球科学を学んでも遅くありません。実際、私を含め、今の若手研究者はそういう人がほとんどです。

政府の地震調査委員会が2013年５月に出した報告書に

よると、今後30年以内に南海トラフでマグニチュード8～9の地震が発生する確率は70％となっています。また、2013年に世界遺産に登録された富士山に至っては、いつ噴火してもおかしくない時代にさしかかっています。

今後、私たち、特に若い世代の方は、正しい地球科学の知識を身に付けて、地震や火山活動などの迫り来る自然の脅威に対峙していかなければなりません。その意味でも地球科学は重要な学問だと思います。

地球のダイナミックな活動は、時には、巨大地震、大津波、火山噴火など私たち人間にとって非情な災害をもたらしますが、地球の本当の姿を知れば知るほど、高い山や深い谷、静かな海、荒れた海、どれをとってもいとおしく見え、地球と共に生きる喜びを感じます。

今後、固体地球科学は、観測研究と理論・シミュレーション研究が一体となって、進展するものと期待されます。地球科学的な現象や観測量は、物理学等の基本原理にもとづくモデルによって説明されることにより理解が深まります。一方、そのような理解は、今後ますます観測を中心として日進月歩で進展するだろう固体地球科学のさまざまな分野における研究の指針や方向性にも影響を与えるものだと私は信じています。

私の研究の最終的な目標は、コンピューターの中で地球の歴史を復元することにより、過去の地球内部の状態に対する理解を深め、地球の歴史の全容を解明することに貢献し、また、私たちの生活を脅かす地質現象由来の自然災害（たとえば、東北地方太平洋沖地震や来るべき南海トラフ地震などの巨大地震、富士山の噴火など）を引き起こすメカニズムを地球内部のダイナミクスと関連づけて理解することにより、防災・減災に役立てることです。いつ、その目的が達成できるかは分かりませんが、日々、一歩一歩、着実に研究成果を出していくしかありません。

本書によって地球のダイナミックな営みや地球のユニークな歴史を学ぶ醍醐味に興味を持つ方が少しでも増え、固体地球科学の裾野を拡げることができましたら幸いです。

本書で紹介した私の研究成果の一部は、日本学術振興会科学研究費補助金・基盤研究（Ｂ）（課題番号23340132）（研究代表者：吉田 晶樹）によってサポートされました。ここに記して感謝致します。

本書の内容は、私がこれまで行ってきた研究の総決算でもあります。本書を執筆する機会をくださった講談社の関係者のみなさまに深く感謝致します。特に、講談社ブルーバックス出版部の能川佳子さんには、本書の企画から編集作業、出版にいたるまで大変お世話になりました。厚くお礼を申し上げます。

平成26年晩夏　吉田 晶樹

参考文献

学術論文

・Baumgardner, J.R., *Flow and Creep in the Solar System: Observations, Modeling, and Theory*, pp. 207-224, 1993.
・Collins, W.J., *Earth Planet. Sci. Lett., 205*, 225-237, 2003.
・Condie, K.C., *Earth Planet. Sci. Lett., 163*, 97-108, 1998.
・Condie, K.C., *Earth as an Evolving Planetary System*, 2nd ed., 574 pp., 2011.
・Forsyth, D. and S. Uyeda, *Geophys. J. R. Astron. Soc., 43*, 163-200, 1975.
・Frisch, W. et al., *Plate Tectonics, Continental Drift and Mountain Building*, 212 pp., 2011.
・Gerya, T., *Gondwana Res., 25*(2), 442-463, 2014.
・Gerya, T.V. et al., *Phys. Earth Planet. Inter., 156*, 59-74, 2006.
・Glatzmaier, G,A. and R.S. Coe, *Treatise on Geophysics*, 8, pp. 283-298, 2007.
・Greff-Lefftz, M., *Geophys. J. Int., 159*(3), 1125-1137, 2004.
・Grotzinger, J. and T. H. Jordan, *Understanding Earth, 6th Edition*, 672 pp., 2010.
・Gubbins, D., *Rev. Geophys., 32*(1), 61-83, 1994.
・Gurnis, M., *Nature, 332*, 695-699, 1988.
・Heirtzler, J.R. et al., *Deep-Sea Res., 13*, 427-443, 1966.
・Heron, P.J. and J.P. Lowman, *J. Geophys. Res., 119*, 711-733, 2014.
・Hoffman, P.F., *Science, 252*(5011), 1409-1412, 1991.
・Holmes, A., *Geol. Soc. Glasgow Trans. 18*, 559-606, 1931.
・Ismail-Zadeh, A. et al., *Geophys. J. Int., 170*, 1381-1398, 2007.
・Kearey, P. et al., *Global Tectonics, 3rd Edition*, 482 pp., 2009.
・Lee, C.-T. A. et al., *Annu. Rev. Earth Planet. Sci., 39*, 59-90, 2011.
・Lithgow-Bertelloni, C. & M.A. Richards, *Rev. Geophys., 36*, 27-78, 1998.
・Lowrie, W., *Fundamentals of Geophysics*, 2nd ed., 381 pp., 2007.
・Meert, J.G., *Gondwana Res., 21*, 987-993, 2012.
・Maruyama et al., *Gondwana Res.*, 11, 7-37, 2007.
・Miyagoshi, T. et al., *Nature, 463*, 793-796, 2010.
・Olson, P., *J. Geophys. Res., 93*, 15065-15084, 1988.
・Parsons, B., and F. M. Richter, *The Sea*, pp. 73-117, 1981.
・Phillips, B.R., and H.-P. Bunge, *Geology, 35*, 847-850, 2007.
・Ritsema, J. et al., *Geophys. J. Int., 184*, 1223-1236, 2011.

・Rogers, J.J.W., and M. Santosh, *Gondwana Res., 6*, 357-368, 2003.
・Souriau, A., *Treatise on Geophysics, 1*, pp. 655-693, 2007.
・Storey, B.C., *Nature, 377*, 301-308, 1995.
・Tackley, P.J., *Science, 288*, 2002-2007, 2000.
・Tatsumi et al., *J. Geophys. Res., 113*, B02203, 2008.
・Turcotte, D.L. and G. Schubert, *Geodynamics*, 2nd ed., 456 pp., 2002.
・Van der Voo, R., *Rev. Geophys., 28*(2), 167-206, 1990.
・Warren, P.H., *J. Geophys. Res., 98*(E3), 5335–5345, 1993.
・Wegener, A., *The origin of continents and oceans*, 1924.
・Wolstencroft, M. and J.H. Davies, *Solid Earth, 2*, 315-326, 2011.
・Yoshida, M., *Geophys. Res. Lett.*, 26(7), 947-950, 1999.
・Yoshida, M., *Geophys. J. Int., 180*(1), 1-22, 2010.
・Yoshida, M., *Geophys. Res. Lett., 40*(4), 681-686, 2013a.
・Yoshida, M., *Geophys. Res. Lett., 40*(20), 5387-5392, 2013b.
・Yoshida, M., *J. Visualization, 16*(2), 163-171, 2013c.
・Yoshida, M. and A. Kageyama, *Geophys. Res. Lett., 31*(12), L12609, 2004.
・Zhang, N. et al., *J. Geophys. Res., 115*, B06401, 2010.
・Zhao, D. et al., *Gondwana Res., 23*, 595-616, 2013.
・Zhong, S. et al., *J. Geophys. Res., 105*, 11063-11082, 2000.

専門書、一般書など

・アーサー・クライン著、竹内均訳、『大陸は移動する—移動説から新しい地球科学へ』、ブルーバックス、講談社、1973年
・アルフレッド・ウエゲナー著、竹内均訳、『大陸と海洋の起源』、講談社学術文庫、講談社、1990年
・今村明恒・山本一清、『星と雲・火山と地震』、日本児童文庫、アルス、1930年
・上田誠也、『プレート・テクトニクス』、岩波書店、1989年
・唐戸俊一郎、『レオロジーと地球科学』、東京大学出版会、2000年
・川上紳一、『縞々学—リズムから地球史に迫る』、東京大学出版会、1995年
・川上紳一・東條文治、『図解入門　最新　地球史がよくわかる本』、第2版、秀和システム、2009年
・是永淳、『絵でわかるプレートテクトニクス』、講談社、2014年
・数研出版編集部編、『もういちど読む　数研の高校地学』、数研出版、2014年
・平朝彦ほか、『地殻の進化』、岩波講座地球惑星科学、第9巻、岩波書店、

1997年
・平朝彦ほか、『地球進化論』、岩波講座地球惑星科学、第13巻、岩波書店、1998年
・平朝彦、『地質学２　地層の解読』、岩波書店、2004年
・巽好幸、『地球の中心で何が起こっているのか』、幻冬舎、2011年
・巽好幸、『なぜ地球だけに陸と海があるのか　地球進化の謎に迫る』、岩波科学ライブラリー、岩波書店、2012年
・田中正造ほか、『光村ライブラリー16』、光村図書出版、2002年
・綱川秀夫、『地磁気逆転X年』、岩波ジュニア新書、岩波書店、2002年
・テッド・ニールド著、松浦俊輔訳、『超大陸―100億年の地球史』、青土社、2008年
・長倉三郎ほか編、『岩波理化学辞典　第5版』、岩波書店、1998年
・力武常次、永田豊、小川勇二郎、『改訂新版　新地学』、数研出版、1987年

ウェブページ

・国際層序委員会（International Commission on Stratigraphy; ICS）（http://www.stratigraphy.org/）。地質年代表はICSによって毎年のように更新されている。図４－４はこの表を簡略化し、地球史の主な出来事を加筆した。
・GPlates（http://www.gplates.org/）。プレート復元可視化ソフトウェアGPlatesのウェブページ。2014年９月現在のGPlatesの最新ヴァージョンは1.4。
・Reconstructing the Ancient EARTH（http://cpgeosystems.com/index.html）。コロラド台地ジオシステム社のロナルド・ブレイキー博士（北アリゾナ大学名誉教授）による古地理図のウェブページ。図４－11、４－12の下の図は、ブレイキー博士に有償で提供していただいた。

もう一歩進むための一般書

上にあげた一般書以外に、固体地球科学全般（特にプレートテクトニクスや、火山、地球進化など）を学ぶ上で参考になる一般書を挙げておきます。

・上田誠也、『新しい地球観』、岩波新書、岩波書店、1971年
・鎌田浩毅、『地球は火山がつくった―地球科学入門』、岩波ジュニア新書、岩波書店、2004年
・鎌田浩毅、『マグマの地球科学―火山の下で何が起きているか』、中公新書，中央公論新社、2008年
・鎌田浩毅、『地学のツボ―地球と宇宙の不思議をさぐる』、ちくまプリマー

新書、筑摩書房、2009年
・木村学・大木勇人、『図解・プレートテクトニクス入門』、ブルーバックス、講談社、2013年
・田近英一監修、『大人のための図鑑　地球・生命の大進化—46億年の物語』、新星出版社、2012年
・巽好幸、『いちばんやさしい地球変動の話』、河出書房新社、2011年
・深尾良夫、『地震・プレート・陸と海』、岩波ジュニア新書、岩波書店、1985年
・藤岡換太郎、『山はどうしてできるのか—ダイナミックな地球科学入門』、ブルーバックス、講談社、2012年
・藤岡換太郎、『海はどうしてできたのか—壮大なスケールの地球進化史』、ブルーバックス、講談社、2013年
・丸山茂徳・磯崎行雄、『生命と地球の歴史』、岩波新書、岩波書店、1998年
・ニュートンムック『大地と海を激変させた地球史46億年の大事件ファイル』、ニュートンプレス、2009年
・ロバート・ヘイゼン著、円城寺守監訳、渡会圭子訳、『地球進化46億年の物語—「青い惑星」はいかにしてできたのか』、ブルーバックス、講談社、2014年

以下の文献は、本書の第4章で深く触れなかった地球内部ダイナミクスと地球環境変動や生命進化との関係、また、地球全体が氷に覆われ寒冷化した地球史の大事件である「全地球凍結（スノーボールアース）」について学ぶ上で役に立つ一般書です。

・川上紳一、『生命と地球の共進化』、NHKブックス、日本放送出版協会、2000年
・川上紳一、『全地球凍結』、集英社、2003年
・田近英一、『凍った地球—スノーボールアースと生命進化の物語』、新潮選書、新潮社、2009年
・田近英一、『地球環境46億年の大変動史』、化学同人、2009年
・田近英一、『大気の進化46億年　O_2とCO_2—酸素と二酸化炭素の不思議な関係』、技術評論社、2011年
・中沢弘基、『生命誕生—地球史から読み解く新しい生命像』、講談社、2014年
・ニュートンムック『生命の誕生と進化の38億年』、ニュートンプレス、2012年

付録　大陸移動を“体験”しよう―― GPlatesの使い方

コンピューターの中で地球を丸ごと再現できる日を待たずとも、読者のみなさんのパソコン上でも大陸移動を“体験”できます。ここでは、オーストラリアのシドニー大学の研究者らが開発している、プレート復元可視化ソフトウェア“GPlates”の使い方を紹介しましょう。このソフトウェアはフリーソフトで、Windows版、MacOS版、Linux版が用意されており、インポートする各種データも無償で提供されています。

以下では、本書執筆時点での最新ヴァージョンであるGPlates1.4のWindows版を用いて手順を紹介します。

- GPlatesのウェブページ（http://www.gplates.org/）からGPlatesをダウンロードします。
- ダウンロードしたGPlatesを解凍し、パソコンにインストールします。
- 無事にインストールされると、GPlatesのアイコンがデスクトップに置かれます。
- GPlatesのアイコンをクリックすると、図A－1のようなメインウィンドウが開きます。
- メニューバーのFile（図A－1のA）からOpen Feature Collectionを選び、以下の手順で必要なデータをインポートします。
- ローカルディスク（C:）フォルダーのProgram Files（x86）フォルダーにあるGPlatesフォルダーから、

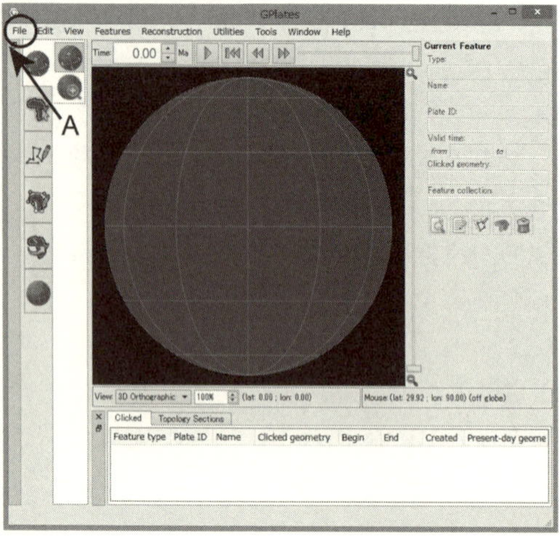

図A－1

GPlates 1.4.0フォルダー、SampleDataフォルダー、FeatureCollectionsフォルダーの順にたどります。

・ 描画に必要なデータは、FeatureCollectionsフォルダーの中にあるCoastlinesフォルダーと、Rotationsフォルダーにあります。
・ Coastlinesフォルダーを開くと、Seton_etal_ESR2012_Coastlines_2012.1_Polygon.gpmlzというファイルがありますので、これをクリックして選択し、右下の「開く」ボタンをクリックし、データをインポートします。すると、メインウィンドウに現在の大陸配置が描かれます（図A－2）。
・ 次に、FeatureCollectionsフォルダーに戻り、Rotationsフォルダーの中のSeton_etal_

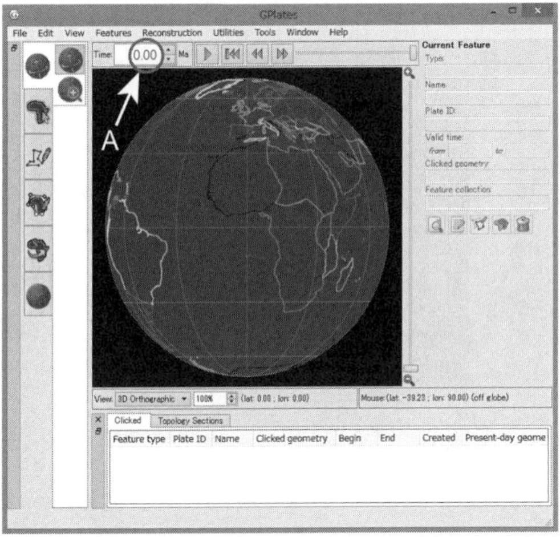

図A－2

ESR2012_2012.1.rotというファイルがありますので、これをクリックして選択し、データをインポートします。

・次に、メインウィンドウのTimeの数字（図A－2のA）を0.00Maから200.00Ma（Maは100万年前を示す単位で）にします。すると、2億年前の大陸配置がメインウィンドウに描かれます（図A－3）。

・いよいよ、2億年前から現在までの大陸移動の様子をGPlates上で再現します。メインウィンドウの▶ボタン（図A－3のA）を押してみましょう。そうすると、時間が100万年ごとに進み、アニメーションで大陸が移動し始めます。Timeが0.00Ma（現在）になれば終了です。

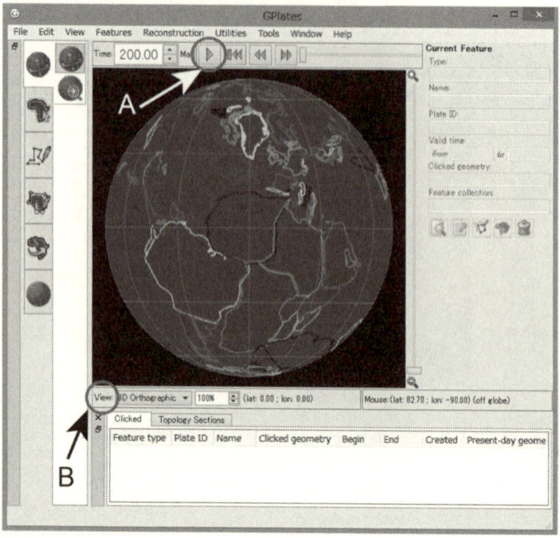

図A－3

・　メインウィンドウのView（図A－3のB）のタブから、地図の種類が選べます。Rectangularを選択すると、長方形の地図に変わります。もう一度、手順⑩に戻ってみましょう。普段私たちがみる世界地図のように地球表面全体を見渡した大陸移動の様子がアニメーションで描かれます。

その他、詳細な作業は、http://www.gplates.org/docs.htmlにあるGPlatesのユーザーマニュアルをご覧下さい（英語で書かれています）。

本ソフトはフリーソフトですので、インストールは自己責任で行ってください。

さくいん

〈さ行〉

〈た行〉

〈な行〉

〈は行〉

〈ま・や行〉

〈ら行〉

N.D.C.450　268p　18cm

ブルーバックス　B-1883

地《ち》球《きゅう》はどうしてできたのか
マントル対流と超大陸の謎

2014年 9 月20日　第 1 刷発行
2018年12月 5 日　第 3 刷発行

著者　吉《よし》田《だ》晶《まさ》樹《き》
発行者　渡瀬昌彦
発行所　株式会社講談社
〒112-8001 東京都文京区音羽2-12-21
電話　出版　03-5395-3524
販売　03-5395-4415
業務　03-5395-3615
印刷所　(本文印刷)豊国印刷株式会社
(カバー表紙印刷)信毎書籍印刷株式会社
本文データ制作　講談社デジタル製作
製本所　株式会社国宝社

定価はカバーに表示してあります。

ISBN978-4-06-257883-7

発刊のことば

科学をあなたのポケットに

二十世紀最大の特色は、それが科学時代であるということです。科学は日に日に進歩を続け、止まるところを知りません。ひと昔前の夢物語もどんどん現実化しており、今やわれわれの生活のすべてが、科学によってゆり動かされているといっても過言ではないでしょう。

そのような背景を考えれば、学者や学生はもちろん、産業人も、セールスマンも、ジャーナリストも、家庭の主婦も、みんなが科学を知らなければ、時代の流れに逆らうことになるでしょう。

ブルーバックス発刊の意義と必然性はそこにあります。このシリーズは、読む人に科学的に物を考える習慣と、科学的に物を見る目を養っていただくことを最大の目標にしています。そのためには、単に原理や法則の解説に終始するのではなくて、政治や経済など、社会科学や人文科学にも関連させて、広い視野から問題を追究していきます。科学はむずかしいという先入観を改める表現と構成、それも類書にないブルーバックスの特色であると信じます。

一九六三年九月

野間省一

ブルーバックス　宇宙・天文関係書

1394 ニュートリノ天体物理学入門　小柴昌俊
1487 ホーキング　虚時間の宇宙　竹内　薫
1510 新しい高校地学の教科書　杵島正洋／松本直記／左巻健男＝編著
1667 太陽系シミュレーター　Windows7／Vista対応版　DVD-ROM付　SSSP＝編
1697 インフレーション宇宙論　佐藤勝彦
1728 ゼロからわかるブラックホール　大須賀　健
1731 宇宙は本当にひとつなのか　村山　斉
1745 4次元デジタル　宇宙紀行　ビバマンボ
Mitaka　DVD-ROM付　小久保英一郎＝監修
1762 完全図解　宇宙手帳　渡辺勝巳／JAXA
（宇宙航空研究開発機構）＝協力
1775 地球外生命　9の論点　立花　隆／佐藤勝彦ほか
自然科学研究機構＝編
1799 宇宙になぜ我々が存在するのか　村山　斉
1806 新・天文学事典　谷口義明＝監修
1848 今さら聞けない科学の常識3
聞くなら今でしょ！　朝日新聞科学医療部＝編
1857 宇宙最大の爆発天体　ガンマ線バースト　村上敏夫
1861 発展コラム式　中学理科の教科書　改訂版　石渡正志
生物・地球・宇宙編　滝川洋二＝編
1862 天体衝突　松井孝典
1878 世界はなぜ月をめざすのか　佐伯和人

1887 小惑星探査機「はやぶさ2」の大挑戦　山根一眞
1905 あっと驚く科学の数字　数から科学を読む研究会
1937 輪廻する宇宙　横山順一
1961 曲線の秘密　松下泰雄
1971 へんな星たち　鳴沢真也
1981 宇宙は「もつれ」でできている　ルイーザ・ギルダー
山田克哉＝監訳
窪田恭子＝訳
2006 宇宙に「終わり」はあるのか　吉田伸夫
2011 巨大ブラックホールの謎　本間希樹
2027 重力波で見える宇宙のはじまり　ピエール・ビネトリュイ
安東正樹＝監訳
岡田好恵＝訳

ブルーバックス　地球科学関係書

1414 謎解き・海洋と大気の物理　保坂直紀
1510 新しい高校地学の教科書　杵島正洋／松本直記／左巻健男＝編著
1576 富士山噴火　鎌田浩毅
1639 見えない巨大水脈　地下水の科学　日本地下水学会／井田徹治
1656 今さら聞けない科学の常識2　朝日新聞科学グループ＝編
1670 森が消えれば海も死ぬ　第2版　松永勝彦
1721 図解　気象学入門　古川武彦／大木勇人
1756 山はどうしてできるのか　藤岡換太郎
1804 海はどうしてできたのか　藤岡換太郎
1824 日本の深海　瀧澤美奈子
1834 図解　プレートテクトニクス入門　木村　学／大木勇人
1844 死なないやつら　長沼　毅
1848 今さら聞けない科学の常識3　聞くなら今でしょ！　朝日新聞科学医療部＝編
1861 発展コラム式　中学理科の教科書　改訂版　生物・地球・宇宙編　石渡正志／滝川洋二＝編
1865 地球進化　46億年の物語　ロバート・ヘイゼン／円城寺　守＝監訳／渡会圭子＝訳
1883 地球はどうしてできたのか　吉田晶樹
1885 川はどうしてできるのか　藤岡換太郎
1905 あっと驚く科学の数字　数から科学を読む研究会
1924 謎解き・津波と波浪の物理　保坂直紀
1925 地球を突き動かす超巨大火山　佐野貴司
1936 Q&A火山噴火127の疑問　日本火山学会＝編
1957 日本海　その深層で起こっていること　蒲生俊敬
1974 海の教科書　柏野祐二
1995 活断層地震はどこまで予測できるか　遠田晋次
2000 日本列島100万年史　山崎晴雄／久保純子
2002 地学ノススメ　鎌田浩毅
2004 人類と気候の10万年史　中川　毅
2008 地球はなぜ「水の惑星」なのか　唐戸俊一郎
2015 三つの石で地球がわかる　藤岡換太郎
2021 海に沈んだ大陸の謎　佐野貴司